KB055034

환경에도 정의가 필요해

위기의 지구를 살리는 녹색 비상구

03 위기의 지구를 살리는 녹색 비상구

초판 1쇄 발행 2014년 9월 12일 초판 7쇄 발행 2018년 9월 10일
개정증보판 1쇄 발행 2020년 10월 13일 개정증보판 3쇄 발행 2024년 1월 26일

지은이 장성익 그린이 어진선
펴낸이 홍석 이사 홍성우
인문편집부장 박월 편집 박주혜 · 조준태 디자인 김명희
마케팅 이송희 · 김민경 제작 홍보람 관리 최우리 · 정원경 · 조영행 · 김지혜

펴낸곳 도서출판 풀빛 등록 1979년 3월 6일 제2021-000055호
주소 07547 서울특별시 강서구 양천로 583 우림블루나인 A동 21층 2110호
전화 02-363-5995(영업), 02-364-0844(편집) 팩스 070-4275-0445
홈페이지 www.pulbit.co.kr 전자우편 inmun@pulbit.co.kr

ISBN 979-11-6172-779-0 44400
ISBN 978-89-7474-760-2 44080 (세트)

이 도서의 국립중앙도서관 출판예정도서목록(CIP)은 서지정보유통지원시스템 홈페이지(seoji.nl.go.kr)과
국가자료종합목록구축시스템(http://kolis-net.nl.go.kr)에서 이용하실 수 있습니다. (CIP제어번호 : CIP2020040297)

책값은 뒤표지에 표시되어 있습니다.
파본이나 잘못된 책은 구입하신 곳에서 바꾸어 드립니다.

비행청소년 03

환경에도 정의가 필요해

위기의 지구를 살리는 녹색 비상구

글 · 장성익 | 그림 · 어진선

풀빛

들어가는 말

지속가능하고 정의로운 녹색미래를 위하여

많은 사람이 환경 위기를 걱정하면서 '지구를 살리자'고 목청을 높입니다. 환경에 관한 책이나 언론 보도도 끊임없이 쏟아져 나옵니다. 그래서인지 요즘은 환경 위기에 아무런 관심이 없거나 환경 문제를 중요하지 않게 여기는 사람은 그리 많지 않은 듯합니다. 하지만 이런 분위기와는 딴판으로 실제로는 전 세계적으로 환경 위기가 갈수록 깊어 가고 있습니다. 지구 온난화와 기후변화, 열대우림 파괴와 생물종 감소, 석유 고갈이 상징하는 에너지와 자원 위기, 원자력발전소 사고 등이 대표 사례들이지요.

왜 그럴까요? 우선은 말과 행동이 서로 겉돌고 따로 노는 탓입니다. 말로는 환경이 중요하다고 떠들지만 실제 행동과 실천은 이에 걸맞게 이루어지지 않습니다. 이는 개인이나 나라나 마찬가지입니다. 또 하나, 환경 문제의 원인과 구조, 해법을 올바로 이해하지 못하는 탓입니다. 인식이나 이론이 잘못돼 있으면 현실을 정확하게 진단할 수 없고 올바른 실천이 나올 수도 없습니다. 그러니 문제를 해결하고 세상을 바꾸기가 더욱 어려워질 수밖에 없지요.

이 책은 이런 문제의식에서 비롯되었습니다. 한번 물어볼까요? 여러분은 '환경'이라는 말을 들으면 무엇이 떠오르나요? 혹시 숲, 산, 강, 바다, 들판 등과 같이 우리를 둘러싼 주변의 자연 생태계를 떠올리지 않나요? 그래서 환경 문제라 하면 수질오염, 대기오염, 쓰레기 문제 등을 먼저 떠올리지 않나요? 맞습니다. 환경이란 그런 것이고, 환경 문제 또한 그런 것이지요. 하지만 거기서 그치는 게 아닙니다. 우리가 환경에 관해 뭔가를 얘기할 때 거기에는 훨씬 더 넓고 깊은 뜻이 담겨 있습니다.

환경이 위기에 처했다는 건 단순히 물이나 땅, 공기 등이 오염됐다는 차원에서 끝나는 게 아닙니다. 환경은 생명입니다. 환경은 이 지구와 우주 전체입니다. 사람 또한 지구의 지배자가 아니라 자연의 일부입니다. 사람을 포함한 모든 생명체는 지구라는 한 배를 타고 있는 동료 구성원입니다. 또한, 환경 문제는 자연에서 벌어지는 일인 동시에 사람들 사이에서 벌어지는 일이기도 하고 그 사람들이 모여 이루는 사회에서 벌어지는 일이기도 합니다. 그러므로 환경이 파괴된다는 것은 사람과 사회가 파괴된다는 것이기도 합니다. 뒤집어 말하면, 환경을 살리는 것은 사람과 사회, 곧 이 세상을 살리는 것이기도 합니다.

여기서 각별히 주목해야 할 것은 환경 문제에도 정의나 민주주의와 같은, 우리가 일구어 나가야 할 소중한 사회적 가치가 고스란히 아로새겨져 있고 또 적용된다는 점입니다. 예를 들어 이런 질문을 한번 던져 볼까요? 사람들이 싫어하는 쓰레기 매립장이나 소각장, 한번 사고가 터지면 재앙을 피할 수 없는 원자력발전소 같은 위험 시설은 어디에 들어설까요? 대개 가난하고 힘없는 사람들이 사는 곳입니다. 또 지구 온난화는 누가 일으켰고, 피해는 누구에게 돌아갈까요? 온난화의 주범은 온실가스를 펑펑 내뿜으며 산업화와 풍요를 먼저 이룩한 서구 선진국들입니다. 하지만 온난화 탓에 가장 큰 피해를 보며 고통에 시달리는 것은 온실가스를 그다지 배출한 적이 없는 가난하고 힘없는 나라들입니다.

어떤가요? 정의롭지 않고 공평하지 않죠? 민주주의에도 어긋나고요. 이 책을 읽어 보면 알게 되겠지만, 대부분 환경 문제가 다 이러합니다. 환경 파괴가 일으키는 피해는 공평하게 나누어지지 않습니다. 이는 나라든 지역이든 개인이든 마찬가지입니다. 환경이 주는 혜택 또한 공평하게 나누어지지 않습니다. 대체로 피해와 고통은 가난하고 힘없는 쪽에 집중되는 반면, 혜택과 이득은 그 반대쪽으로 돌아갑니다.

그렇습니다. 이처럼 환경 문제에도 사람 사는 세상의 모순과 부조리가 그대로 녹아들어 있습니다. 환경 문제를 제대로 이해하려면 이 점을 명심해야 합니다. 즉, 환경 문제를 사람 문제, 사회 문제와 연결 짓고 통합적으로 이해할 줄 아는 안목이 필요합니다. 그 가운데서도 특히 정의와 평등, 민주주의의 눈으로 환경 문제를 바라볼 줄 알아야 합니다. 그래야 환경 위기의 원인과 역사, 구조와 맥락, 전망과 해법을 올바로 알 수 있습니다. 또 그래야 자연과 생명의 가치가 활짝 꽃피어 나는 지속가능한 세상을 만드는 일과, 정의롭고 평등한 민주주의 세상을 만드는 일이 결국은 하나임을 깨달을 수 있습니다. 이렇게 함으로써 우리는 사람과 자연과 사회가 서로를 살리고 북돋우며 사이좋게 어깨동무하는 아름다운 내일을 열어 나갈 수 있게 됩니다.

이 책을 읽으면서 환경 문제 전반을 폭넓고 체계적으로 이해하는 것은 물론 환경 문제를 바라보는 보다 깊고도 새로운 시각을 터득할 수 있기를 바랍니다. 그리하여 이 책이 지속가능하고도 정의로운 '녹색 미래'를 일구어 나가는 데 자그마한 디딤돌이 되기를 소망합니다.

2014년 8월

장성익

차 례

2부 더워지는 지구 _ 지구 온난화의 재앙

1장. 지구 온난화의 맨얼굴

2장. 지구 온난화, 해결할 수 있을까?

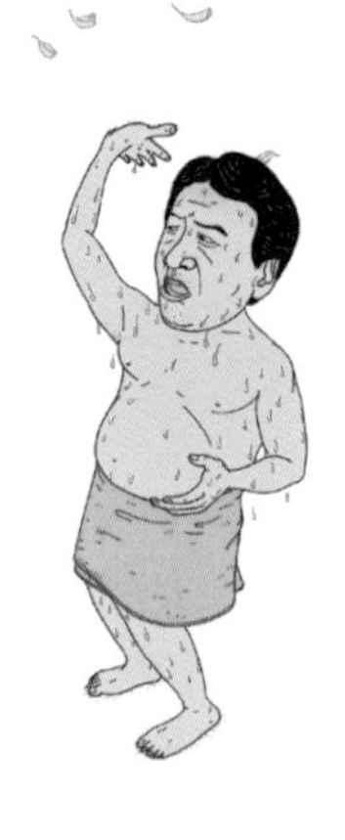

3부 바닥나는 지구 _ 에너지 위기와 석유 문명의 종말

4부 굶주리는 지구 _ 먹거리를 바꿔야 세상이 바뀐다

1장. 먹거리는 세상을 이해하는 열쇠다

2장. 현대 먹거리의 그늘

3장. '좋은 먹거리'를 찾아서

5부 지속가능한 지구 _ 녹색 미래를 향하여

1장. '지속가능한 발전'의 결과 속

2장. '환경정의'를 위하여

맺음말 새로운 세상, 다른 삶을 꿈꾸며

1부

병든 지구

망가지는 자연과 사라지는 생물들

사람은 자연의 일부다

1장

1. 무분별한 자원 낭비가 낳은 비극

비극의 섬

나우루는 남태평양에 있는 인구 1만여 명의 작고 외딴 섬나라입니다. 이 나라는 30~40년 전만 해도 세계에서 가장 잘사는 나라였습니다. 하지만 지금은 세계에서 가장 가난하고 비참한 나라 가운데 하나로 전락하고 말았습니다. 세계 역사에서 정말 드문 일이지요. 대체 이 섬에서 무슨 일이 벌어진 걸까요?

나우루 사람들은 어느 날 섬에 인광석이라는 지하자원이 엄청나게 많이 묻혀 있다는 걸 알게 되었습니다. 태평양을 날다 이곳에 들른 수많은 철새들의 배설물이 오랜 세월을 거치면서 땅에 스며들어 만들어진 거지요. 그런데 이 인광석은 비료를 만드는 데 반드시 들어가야 할 물질입니다. 현대 농업에서 비료 없이 농사를 지을 순 없으니, 온 세계가 필요로 하는 자원인 셈이지요. 그러니 나우루로서는 이 인광석을 캐내 팔기만 하면 엄청난 돈을 가만히 앉아서 벌 수 있게 되었습니다.

이것이 비극의 시작이었습니다. 풍부한 인광석 덕분에 너무나 손쉽게 벼락부자가 된 나우루 사람들은 그저 먹고 마시고 노는 것만 즐기기 시작했습니다. 사람들은 땀 흘려 일할 필요가 없어졌고, 돈이 차고 넘치니 모든 게 공짜로 주어졌습니다. 우리나라 울릉도의 3분의1밖에 안 되는 좁은 섬에서 집집마다 자동차를 몇 대씩 굴렸습니다. 몇 발짝 움직이는 것도 귀찮아하는 사람이 많았다지요. 청소나 빨래 같은 집안일마저 나라가 월급 주고 고용한 외국인 이민 노동자가 대신 해 주었고요. 그 와중에 먹거리는 먹기 편하고 자극적인 맛으로 범벅된 패스트푸드와 가공음식 중심으로 바뀌었습니다.

그 결과 이곳 사람들은 대부분 뚱뚱보가 되었고, 당뇨병 같은 무서운 병에 걸리게 되었습니다. 거기에다 사람들이 돈 욕심에 눈이 멀어 앞뒤 가리지 않고 인광석을 캐낸 결과, 그조차 바닥이 나고 말았지요. 땅은 이미 다 파헤쳐져 폐허처럼 변하고 말았고요. 돈다발이 안겨 주는 달콤한 소비와 사치에 중독돼 흥청망청 편하게만 살던 부자들이 그만 쫄딱 망해 거지 신세가 되고 만 겁니다. 남은 건 파괴된 자연과 병든 사람, 그리고 비참한 가난뿐이었습니다. 그리하여 오늘날 나우루는 눈앞의 이익과 안락을 위해 자연을 마구잡이로 약탈하면서 미래를 팔아넘긴 대가가 얼마나 가혹한지를 생생하게 보여 주는 비극의 섬으로 남아 있습니다.

자, 그렇다면 지금 우리 인류가 가고 있는 길은 나우루와 전혀 다른 걸까요? 나우루 사례는 나와는 아무런 상관이 없는 저 먼 나라 딴 세상 이야기일까요?

수수께끼의 섬

또 다른 섬 이야기가 있습니다. 1722년 4월, 어느 네덜란드 탐험가가 태평양을 항해하다가 남미 대륙 서쪽 먼 곳에서 어떤 섬을 발견했습니다. 나무라고는 찾아보기 힘든 황량한 그 섬에는 2000명 정도의 주민이 살고 있었습니다. 그들은 갈대 오두막이나 동굴에 끼리끼리 모여 살면서 끊임없이 전쟁을 벌이는 야만적인 원시부족이었습니다. 한데 탐험대를 깜짝 놀라게 한 광경이 있었습니다. 그 황폐한 섬의 여기저기에 수준 높은 문명과 고도의 기술이 아니고선 만들 수 없는 거대한 석상(石像), 곧 돌로 만든 커다란 조각상들이 수백 개나 있었던 겁니다.

이 희한한 수수께끼에 담긴 비밀은 뭘까요? 이 섬에 동남아시아 출신의 폴리네시아 사람들이 정착한 것은 5세기경이었습니다. 그때는 울창한 열대 숲이 우거져 있었지요. 그러다 점점 사람들이 늘어나고 사회가 발전하면서 한때 전성기에는 인구가 7000명에서 많게는 2만 명에 이르기도 했다고 합니다. 그런데 섬 주민들은 유독 종교적 의식을 치르고 기념물을 만드는 것을 좋아했습니다. 그 가운데 대표적인 게 '모아이'라는 석상이었습니다. 모아이의 높이는 작은 게 2미터, 큰 것은 20~30미터나 되고 무게는 수십 톤이나 나가는데, 섬 주민들은 이런 거대한 석상을 무려 600개도 넘게 만들었습니다.

이스터 섬의 석상 모아이. 큰 것은 길이가 20~30미터, 무게는 수십 톤에 이른다. (1914~1915)

이 섬을 연구한 학자들에 따르면, 수수께끼의 비밀은 바로 이것을 만들고 옮기는 방법에 있었습니다. 수레도 큰 동물도 없었던 당시 섬 주민들은 그 무겁고 큰 돌을 운반할 방법을 찾느라 궁리를 거듭했습니다. 그러다 결국 나무를 베어 내 그것을 길에 쭉 깔아서 돌을 굴리는 방법을 찾아냈습니다. 그러니 석상을 많이 만들어 곳곳에 세우려면 통나무 길을 끊임없이 만들어야 했고, 무거운 돌을 들어 올리고 끌려면 굵은 밧줄을 만들어야 했습니다. 모두 나무가 필요한 일이었지요. 그렇게 나무를 계속 베어 내다 보니 울창했던 숲이 서서히 파괴될 수밖에 없었습니다. 또한 농사지을 땅을 일구고, 난방과 요리를 하고, 집을 짓고, 물고기를 잡는 데 쓸 카누와 갖가지 가재도구를 만들기 위해서도 나무를 많이 베어 내야 했습니다. 거기에다 씨족들 사이에 조각상 많이 세우기 경쟁까지 벌어졌으니 남아날 숲이 없었지요.

그렇게 해서 나무가 사라지니 땅도 망가졌고, 그 결과 부족해진 식량과 자원을 서로 많이 차지하려고 전쟁을 벌이기 일쑤였습니다. 생존을 위해 다른 사람을 잡아먹는 식인 풍습까지 생겨났다는 얘기가 전해지기도 하지요. 그리하여 한때 아주 특이하고 수준 높은 '거석문화'를 꽃피웠던 섬이 그만 순식간에 붕괴하고 말았습니다. 그들은 남보다 더 큰 석상을 더 많이 만들어 다른 사람을 지배하고자 했지만 자연의 파괴가 몰고 올 저주는 알지도 못했고 관심도 없었습니다.

오늘날 특이한 모습의 거대 석상을 구경하는 관광지로 변한 이스터 섬. 나우루와 마찬가지로 이스터 섬에 얽힌 이야기는 무분별한 환경 파괴와 한정된 자원의 낭비가 어떤 비극을 낳는지를 가르쳐 주는 값진 교훈으로 남아 있습니다.

2. 자연이 아프면 사람도 아프다

소금사막으로 변한 아랄 해

거대한 바다가 물은 사라지고 그만 황폐한 소금사막으로 변하는 곳이 있습니다. 중앙아시아의 아랄 해가 그 주인공입니다. 아랄 해는 본래 세계에서 네 번째로 큰 내해(內海, 안에 있는 바다, 곧 육지로 둘러싸인 바다)였습니다. 1960년대 초까지만 해도 면적이 우리나라의 3분의2에 이를 정도로 광대했지요. 하지만 지금은 물은 90퍼센트, 면적은 75퍼센트나 줄어들어 아랄 해는 지도에서 아예 없애야 할 지경에 처하고 말았습니다. 대신에 그 드넓었던 바다와 인근 지역 대부분은 거친 소금사막으로 바뀌고 말았습니다.

어쩌다 이렇게 됐을까요? 아랄 해에는 아무다리야 강과 시르다리야 강이라는 두 개의 큰 강이 흘러듭니다. 그러면서 그곳에 물을 공급하지요. 아랄 해는 지금은 독립한 우즈베키스탄과 카자흐스탄이라는 나라로 둘러싸여 있지만, 1990년대 초까지만 해도 옛 소련의 영토였습니다. 그런데 소련이 1960년대부터 인근 지역을 대규모 면화 재배지로 개발하면서 물이 많이 필요해지자, 이 두 강의 물줄기를 그만 돌려 버리고 말았습니다. 면화 농사는 본래 물이 아주 많이 필요하기로 유명한데, 이곳은 옛 소련 전체 목화 생산량의 70퍼센트를 차지할 정도로 규모가 컸습니다. 그만큼 물도 엄청나게 많이 써야 했다는 얘기지요.

특히 아무다리야 강은 '중앙아시아의 젖줄'이라 불릴 정도로 아주 크고 중요한 강입니다. 한데 면화 농사에 물을 빼앗긴 탓에 한때 2400킬로미터에 이르던 강 길이가 1400킬로미터로 줄어들고 말았습니다. 그 결과 아랄 해로 흘러들어 오던 물의 양도 크게 줄어들 수밖에 없었지요. 이렇게 되자 물에 들어 있는 소금기와 광물질 농도가 급격히 높아졌고, 급기야 이전엔 풍부했던 철갑상어와 잉어 같은 물고기들도 빠르게 사라졌습니다.

예전에 아랄 해 둘레는 곳곳에 항구도시들이 형성돼 어업과 수산물 가공업이 번창했습니다. 하지만 이 모두 옛날 일이 되고 말았습니다. 게다가 물에 소금기가 많아지고 식수마저 줄어들면서 주변의 땅과 물이 화학비료와 바이러스 같은 것들로 오염되었습니다. 큰 바다의 물이 급격히 줄어드니 기후마저 변했습니다. 그 결과 여

소금사막으로 변한 아랄 해 앞바다에 정박해 있는 배.

름은 더욱 메마르고 더워진 반면, 겨울은 더욱 혹독하게 추워지고 기간도 길어졌습니다. 먼지폭풍과 소금바람도 한층 심해졌고요. 당연히 인근 주민들 건강도 크게 나빠졌지요. 어쩔 수 없이 주민들은 먹고살 길을 찾아 정든 고향을 등지고 떠날 수밖에 없었습니다. 자연에 기대어 평화롭게 고기잡이를 하며 생활하던 오랜 삶의 방식이 그만 파괴되고 만 겁니다.

물론 아랄 해를 살리려는 노력이 없는 건 아닙니다. 하지만 특히 아랄 해 남쪽을 둘러싸고 있는 우즈베키스탄은 가스와 유전을 개발하느라 도리어 아랄 해를 더 망가뜨리고 있다고 합니다. 바다로 흘러드는 것이 마땅한 강줄기를 인간의 필요나 이익만을 앞세워 딴 곳으로 돌려 버리는 것은 자연의 본래 질서를 크게 어지럽히는 일입니다. 그리고 그 대가는 고스란히 인간에게도 되돌아오기 마련입니다.

아랄 해를 죽인 주범은 대규모 면화 재배를 밀어붙인 옛 소련 정부와 자원 개발에 앞장서고 있는 거대 기업입니다. 결국, 자연 파괴와 개발로 이득을 얻는 것은 국가와 기업인 데 반해, 그 피해는 아무런 잘못도 책임도 없는 아랄 해 주민들이 뒤집어쓰는 셈이지요. 그러므로 아랄 해를 떠난 사람들은 고향 땅을 스스로 떠난 게 아닙니다. 사실은 강제로 쫓겨났다고 할 수 있지요. 이처럼 자연을 죽이는 것은 사람을 죽이는 것과 다르지 않으며, 특히 가난하고 힘없는 사람들을 더욱 비참한 불행으로 몰아넣을 때가 많습니다.* 이런 사람

*** 아랄 해 주변** 사람들은 옛 소련이나 우즈베키스탄의 주류 민족이 아니라 '카리칼팍'이라는 소수민족이다. 아랄 해가 사라지게 된 배경 가운데 하나를 여기서 찾을 수 있다. 권력자와 정책 결정자들은 힘없는 소수민족을 무시하고 깔보면서 이들의 삶에는 관심을 두지 않았다. 실제로 아랄 해 주변 사람들은 소련 정부가 면화 재배지를 개발했다는 사실을 한참이나 지나서야 알았다고 한다. 그들은 자신의 삶에 엄청난 영향을 미치는 의사결정에서 철저히 배제되었던 것이다.

들일수록 자연에 더 직접적으로 의존하면서 살아가는 경우가 많기 때문이지요.

아랄 해를 보면 사람이 지금 당장 필요한 것을 얻으려고 자연을 파괴한 대가가 얼마나 무서운지를 또렷이 알 수 있습니다. 아랄 해가 이 지구상에서 완전히 사라지고 나서야 그 교훈을 깨닫는다면 '소 잃고 외양간 고치는' 격이 아닐까요?

돈벌이 뒤에 감추어진 빅토리아농어의 진실

한 가지 사례를 더 살펴보지요. 이번엔 아프리카에서 가장 큰 호수인 빅토리아 호 이야기입니다. 아프리카 동부의 케냐, 탄자니아, 우간다 같은 나라들이 둘러싸고 있는 이 호수에는 본래 다양한 토종 물고기들이 살고 있었습니다. 인근 주민들의 아주 소중한 먹거리 공급원이었지요. 한데 갈수록 인구가 늘면서 물고기를 지나치게 많이 잡게 되었습니다. 그 결과 물고기가 빠르게 줄어들자 사람들은 물고기를 다시 늘릴 방법을 찾았고, 결국 1960년대 이후 나일농어라는 물고기를 호수에 풀어 넣기 시작했습니다. 나일농어가 토종 물고기를 잡아먹는 어종이어서 호수 생태계를 망가뜨릴 거라는 지적이 높았지만, 그런 우려는 무시되었습니다. 나일농어가 사람들에게 필요한 단백질을 풍부하게 제공하리라는 단순한 희망과 당장 눈앞의 경제적인 이득을 앞세웠던 탓이지요.

이제 빅토리아농어라고 불리게 된 나일농어는 맛도 좋고 영양가도 높다고 합니다. 미국, 유럽, 일본 등에서 찾는 사람이 많다고 하지요. 그래서 빅토리아농어는 수출용으로도 인기가 높았습니다. 그러다 보니 호수 주변에는 수많은 어업 회사가 들어서기 시작했고, 그들은 빅토리아농어를 잡아 수출하는 데 열을 올렸습니다. 그런데 결국은 우려했던 문제가 터지고 말았습니다. 토종 물고기들이 빅토리아농어의 먹이가 되면서 거의 멸종하기에 이르렀고, 호수 물도 심각하게 오염

사람보다 큰 빅토리아농어.

된 겁니다. 호수 주변에서는 호수로 흘러드는 강을 따라 농사도 많이 지었습니다. 재배하는 작물은 주로 커피, 차, 사탕수수 같은 수출 작물이었고요. 문제는 이런 수출 위주 농업에서는 대개 한 가지 작물을 집중적으로 대량 재배하는 탓에 화학비료와 농약을 아주 많이 쓴다는 점입니다. 이처럼 호수 주변에 어업과 농업이 발달하고 인구도 늘면서 오염 물질을 마구 쏟아내니 호수가 망가질 수밖에 없지요.

이렇게 되자 사람들 생활에도 큰 변화가 일어났습니다. 대부분이 어부인 이 지역 주민은 이전에는 직접 호수로 나가 물고기를 잡았고, 그 물고기를 근처 시장에 내다 팔아 생계를 꾸렸습니다. 하지만 이제는 어업 회사가 고용하는 노동자가 되어 쥐꼬리만 한 돈을 받으며 일해야 하는 신세가 되었습니다. 그 결과 이전에는 자기 손으로 잡아서 즐겨 먹던 생선을 이젠 사 먹기도 힘든 처지가 되고 말았습니다. 농어를 비롯한 좋은 물고기는 비싼 값에 외국으로 팔려 나가고, 그 바람에 남은 물고기들 또한 가격이 너무 올라 이들의 수입으로는 사 먹기 어렵게 된 겁니다. 그래서 어이없게도 호숫가에서 별다른 아쉬움 없이 살던 사람들이 그만 심각한 먹거리 부족과 영양실조에 시달리게 되었습니다. 게다가 어업 회사에 취직해 돈을 벌려는 외지 사람이 대거 몰려오는 바람에 평화로웠던 지역 공동체도 무너지기에 이르렀고요.

빅토리아농어는 겉모습만 얼핏 보면 경제적 이득을 가져다준 것처럼 비칠지 모릅니다. 하지만 속을 들여다보면 그 탓에 지역 주민의 생존이 위태로워지고, 자연과 삶의 토대가 망가지고, 지역 공동체가 무너져 내리고 있습니다. 정작 이런 희생을 딛고 가장 큰 이익을 챙기는 것은 어업 회사를 세운 뒤 농어를 팔아 막대한 돈을 벌어들이는 머나먼 곳의 서구 거대 기업들이지요.

자, 어떤가요? 아랄 해와 빅토리아 호 이야기를 들으니 닮은 구석이 아주 많죠? 그렇습니다. 오늘날 세계 곳곳에서 자연과 사람이 동시에 겪고 있는 수난은 대체로 이런 방식, 이런 모습으로 이루어집니다.

3. 우리의 미래는 지속가능할까?

나우루, 이스터 섬, 아랄 해, 빅토리아 호 얘기는 자연의 소중함과 함께 인간과 자연이 어떤 관계를 맺고 있는지를 생생하게 보여 줍니다.

자연이 소중한 일차적인 까닭은 우리가 살아가는 데 필요한 '모든 것'이 자연에서 왔기 때문입니다. 생존과 건강에 필수적인 먹거리와 물, 전기 · 난방 · 운송 등에 쓰이는 에너지, 적당한 기후, 가구나 종이를 만드는 데 쓰이는 나무, 집이나 도로를 건설하는 데 쓰이는 각종 물자…. 일일이 꼽자면 끝도 없지요. 뿐만 아니라 자연은 사람의 마음과 정신을 풍요롭게 해 주는 중요한 원천이기도 합니다.

물론 자연이 마냥 축복과 은혜만 선사해 주는 건 아닙니다. 자연은 때때로 사람을 불안과 공포에 몰아넣기도 합니다. 살아남기 위해, 그리고 문명을 일구는 과정에서 사람은 추위와 더위, 태풍 · 홍수 · 가뭄 · 화산 폭발 같은 자연재해에 맞서 싸워야 했습니다. 또 먹을 것을 구하려면 날것 그대로의 야생, 이를테면 온갖 위험이 잔뜩 도사린 숲, 거칠고 메마른 대지, 거센 파도가 휘몰아치는 바다로 나아가 때로는 죽음을 무릅쓰기도 하며 피땀을 흘려야 했지요. 그렇게 인간은 자연 속에서, 자연과 더불어 살아왔습니다.

분명한 것은 사람을 비롯해 모든 '살아 있는 것'의 생존과 삶의 바탕이 자연이라는 사실입니다. 그래서 공기, 흙, 물, 햇빛, 그리고 동식물은 사람과 함께 지구라는 하나의 공동체를 이루는, 같은 구성원이라고 할 수 있습니다. 이는 곧, 이 지구를 구성하는 모든 것은 서로 연결되어 있고, 직접으로든 간접으로든 서로 밀접한 관계를 맺고 있다는 얘기지요. 그러므로 사람은 자연의 일부라고 할 수 있습니다. 아니, 더 엄밀하게 말하면 우리 몸 자체가 바로 자연이지요. 우리 몸 안에 물과 공기와 에너지 같은 자연이 들어 있고, 우리가 살 수 있는 건 이것들의 상호작용 덕분이니까요.

그런데도 우리는 이 사실을 잊고 지낼 때가 많습니다. 오히려 자연을 사람을 위한 수단이자 도구로 생각하지요. 사람의 욕구나 필요에 따라 자연을 마음대로 파괴하고 학대하고 착취하고 변형해도

생태계 파괴
에너지 위기
지구온난화

된다고 여긴다는 거지요. 그 결과 오늘날 사람들은 모든 생명체의 보금자리인 이 지구를 지나치게 함부로 사용하고 있습니다. 자원은 분명히 매장량에 한계가 있는데도 마치 무한히 쓸 수 있는 것처럼 마구잡이로 캐내서 쓰고 있습니다. 인간이 자연의 지배자이자 정복자이고 이 지구의 유일한 주인이라고 여기는 탓입니다. 더구나 이 지구는 지금 살고 있는 현세대만의 소유물이 아닙니다. 끊임없이 이어질 후손, 곧 미래세대 또한 이 지구에서 살아가야 하니까요.

인류는 그동안 성장과 개발이 최고라는 인간과 물질 중심의 생각에 빠져 자연을 지나치게 괴롭혀 왔습니다. 자연은 그저 사람에게 필요한 것을 대 주는 자원 저장 창고쯤으로 여겨져 왔지요. 그 결과가 바로 지구 온난화와 기후변화, 석유 고갈로 상징되는 에너지 위기, 자원을 둘러싼 다툼, 자연 생태계 파괴, 동식물 멸종 등으로 대표되는 전 지구적인 환경 위기입니다. 하나뿐인 지구가 갈수록 재앙으로 치닫고 있다는 경보음이 갈수록 크게 울리고 있는 겁니다. 뿐만 아니라 식량 위기, 양극화와 불평등, 경제 위기, 전쟁과 분쟁 등이 끊임없이 지구촌 전체를 위협하고 있습니다.

요컨대, 환경 위기가 날로 깊어 가는 가운데 우리 인간의 삶도 커다란 위기로 빠져들고 있습니다. 그래서 우리의 미래가 과연 지속 가능할지를 두고 우려의 목소리가 나날이 높아지고 있는 게 오늘의 현실입니다.

지구와 자연 생태계의 법칙

지구는 복잡한 시스템이다. 수많은 요소와 그것들의 특성, 그 요소들이 서로 맺고 있는 관계, 그리고 주위 환경과 주고받는 상호작용 등이 복잡하게 얽혀 돌아가는 게 지구다. 그래서 지구는 가만히 고정돼 있지 않다. 끊임없이 움직이고 역동적으로 변화한다. 그 움직임과 변화는 일정하지 않다. 빠르기도 하고 느리기도 하며, 부드러울 때도 있고 거칠 때도 있다. 비약과 지체가 엇갈리며 나타나기도 한다. 똑같은 요소가 투입되었다고 해서 똑같은 결과가 나오는 것도 아니며, 사소한 원인이 엄청난 결과를 빚기도 한다. 또 어떤 원인이 작용한 뒤 그 결과는 한참이나 지나서야 드러날 때도 많고, 일단 어떤 과정이 지나면 그 이전으로 되돌아가는 것이 불가능한 경우도 얼마든지 있다.

그래서 지구가 앞으로 어떻게 될지를 예측하는 것은 대단히 어려운 일이다. 물론 자연은 놀라운 힘과 능력을 지니고 있어서 웬만한 공격에도 버틸 수 있다. 큰 상처를 입어도 머지않아 기력을 되찾기도 한다. 하지만 그런 힘과 능력을 얼마나 오랫동안 간직할 수 있을지는 알 수 없다. 자연에 대한 무차별 공격이 지금처럼 계속된다면 아무리 맷집 좋은 지구라도 언제 쓰러질지 모른다. 특히, 지구 운명을 가늠할 중대 변화는 느닷없이, 순식간에 들이닥칠 가능성이 높다. 화산 폭발이 좋은 보기다. 마그마는 땅 표면 아래에서 오랫동안 부글부글 끓어오르다 압력을 더는 이겨 낼 수 없는 '마지막 순간'에 이르면 순식간에 분출한다. 그래서 우리는 파국의 때가 언제 어떻게 닥칠지 정확하게 알 수 없다. 그런 조짐을 보여 주는 경고 신호를 너무 뒤늦게 알아차릴 위험도 크다. 좁은 범위에서만 숲을 베면 동식물이 큰 영향을 받지 않는다. 하지만 일정 면적 이상의 숲이 사라지면 그때부터는 동식물이 아주 빠르게 사라진다. '결정적 시점'에 이르기까지는 변화가 거의 눈에 띄지 않을 수도 있지만, 일단 그 시점을 넘어서면 엄청난 변화가 숨 가쁘게 진행되는 것이다. 이것이 지구와 자연 생태계의 법칙이다. 그 '결정적 시점'은 과연 언제일까?

숲과 동식물이 사라진다면?

2장

1. 갈수록 파괴되는 '세계의 허파'

나는 핸드폰이 미워요, 고릴라의 절규

환경 위기는 다양한 모습과 형태로 나타납니다. 또한 지구의 자연 생태계를 이루는 모든 영역에서 위기가 진행되고 있습니다. 그런데 그 모두를 시시콜콜 다 알 필요는 없습니다. 그건 전문가나 학자들 몫이지요. 중요한 것은 세계 환경 위기의 핵심 구조와 흐름, 그리고 그것의 원인과 특성, 의미를 아는 것입니다. 그런 뜻에서 여기서는 지구 생태계를 구성하는 수많은 요소들 가운데서도 숲, 생물 다양성, 물과 바다 등을 집중적으로 살펴보려고 합니다. 이 정도만 제대로 알아도 오늘날 지구 환경이 안고 있는 문제의 전체 윤곽이 머릿속에 그려질 것입니다.

먼저 고릴라 얘기부터 하지요. 고릴라가 핸드폰을 미워한다고 하면 어떤 생각이 드나요? 엉뚱하고 황당한 소리로 들리나요? 아마 그럴지도 모르겠습니다. 하지만 이 둘 사이에는 아프리카 밀림에서 벌어지는 슬픈 사연이 얽혀 있습니다.

아프리카 중서부의 콩고는 콜탄이라는 광물자원이 많이 생산되는 나라입니다. 전 세계 콜탄 매장량의 80퍼센트가 콩고 열대우림 지역에 묻혀 있지요. 콜탄은 이전에는 별로 관심을 끌지 못했습니다. 하지만 지금은 아주 귀한 대접을 받고 있습니다. 콜탄에서 나오는 탄탈륨이라는 물질 때문이지요. 탄탈륨은 전기 에너지를 저장하는 능력이 뛰어나고 높은 온도에도 잘 견디는 독특한 성질이 있습니다. 그 때문에 핸드폰, 노트북, 비행기 제트엔진, 광섬유 등과 같은 첨단산업의 원료로 큰 인기를 끌게 되었습니다. 갑작스레 아주 '귀하신 몸'이 된 거지요. 불과 몇 달 만에 탄탈륨 가격이 수십 배나 뛰어오르는 일이 벌어진 적도 있다고 할 정도입니다.

이렇게 되자 사람들이 눈에 불을 켜고 콜탄을 캐내기 시작했습니다. 그 결과 콜탄이 대량으로 묻혀 있는 콩고 열대우림 지역은 급속히 파괴될 수밖에 없었습니다. 문제는 이곳이 지구상에 마지막으로 남아 있는 고릴라의 자연 서식지라는 점입니다. 자, 이제 감이 잡히죠? 1990년대 중반만 해도 이곳에는 300마리 정도의 고릴라가 살고 있었다는데, 수많은 사람이 몰려들어 콜탄을 캐내면서부터는 불과 몇 년 만에 절반으로 줄어들었다고 합니다.

한데 동물만이 아니라 사람도 큰 희생을 치르고 있습니다. 콩고는 자원을 둘러싼 다툼과 종족 갈등 탓에 오랫동안 내전이 벌어진 곳으로 유명합니다. 그런데 콜탄으로 생기는 막대한 돈이 전쟁자금으로 쓰이고 있다고 합니다. 내전이 좀체 끝나지 않는 이유 가운데 하나가 이것입니다. 전쟁을 벌이는 데 필요한 엄청난 돈을 콜탄 덕분에 손쉽게 마련할 수 있으니까요. 1990년대 이후 콩고 내전으로 무려 500만 명이나 희생됐다고 하니, 정말 심각한 일이 아닐 수 없지요. 콜탄 광산에서 일하는 그곳 원주민들도 신세가 비참합니다. 안전시설이나 장비가 부족해 사람이 죽고 다치는 사고가 자주 일어나니까요. 더구나 그렇게 힘들게 일해도 받는 돈은 너무나 적습니다. 정작 큰돈을 챙기는 것은 사람이 죽든 말든 고릴라가 멸종하든

말든 관심도 없는 서구 강대국의 거대 기업과 무역 중개상들이지요. 그러니까, 우리가 하루에도 수없이 핸드폰으로 통화하고 문자를 주고받는 동안 저 머나먼 아프리카 콩고 밀림에서는 고릴라가 삶터에서 쫓겨나고, 그 지역 주민은 끝없는 전쟁과 가혹한 노동에 시달리고 있는 겁니다.

이 이야기는 오늘날 숲과 그 안에서 살아가는 생물이 어떤 지경으로 내몰리고 있는지를 잘 보여 줍니다.

몸살에 시달리는 숲

그럼 먼저, 숲이 얼마나 소중한지부터 알아볼까요? 숲은 물을 저장하고 깨끗하게 정화시키는 구실을 합니다. 숲은 '세계의 허파'이기도 합니다. 이산화탄소를 흡수하는 대신 산소를 내뿜어 사람을 비롯한 수많은 생명이 살아갈 수 있게 해 주니까요. 습도를 높여 주고 바람과 폭풍을 막아 기후를 조절하기도 합니다. 나무의 뿌리는 토양을 단단하게 붙잡아 안정시키고 땅의 침식과 산사태를 막아 줍니다. 숲은 세계 곳곳 원주민들의 오랜 삶의 터전이자 문화의 고향이기도 하고, 수많은 동식물이 깃들어 살아가는 곳이기도 합니다. 우리 인간에게 다양한 의약품 원료를 제공해 주는 보물창고이기도 하고요.

이런 숲이 지구상에서 가장 넓게 펼쳐진 곳은 적도 주변 지역의 열대우림과 북반구 아한대 지역(온대와 한대의 중간으로 위도 50~70도 사이에 있는 지역. 대체로 겨울은 길고 추우며, 여름은 짧고 비교적 온도가 높다. '냉대'라고도 한다)입니다. 열대우림은 기온이 높고 비가 많이 오는 기후에 맞추어 자연스레 발달한 원시림으로, 생물 다양성이 아주 풍부합니다. 이에 견주어 서늘하고 추운 기후대에서 형성된 북반구 숲은 주로 침엽수로 이루어져 있지요.

그런데 세계적으로 해마다 우리가 사는 남한 면적의 70퍼센트에 해당하는 규모의 숲이 사라지고 있습니다. 그 가운데서도 가장 심각한 곳은 열대우림입니다. 남미 아마존 유역의 광활한 열대우림이 대표적이지요. 아마존 열대우림은 지구 전체 산소의 20퍼센트를 공급한다는 얘기가 있을 정도로 중요합니다. 온갖 동식물의 천국인 것은 물론 수많은 원주민이 고유한 전통과 생활방식을 간직하면서 살아가는 문화 다양성의 보고이기도 하지요. 한데 이런 아마존 열대우림이 최근 수십 년 사이에 20퍼센트나 파괴됐다고 합니다.

지구 전체 산소의 20%를 공급하는 아마존 열대우림이 급속히 파괴되고 있다.
사진은 2000년과 2010년도에 동일한 브라질 서부 지역을 인공위성으로 촬영한 것으로,
10년 사이 산림 파괴 지역이 눈에 띄게 확대된 걸 볼 수 있다.

이런 일이 벌어지는 가장 큰 원인은 소를 비롯한 가축을 대량으로 키우려고 숲을 마구 베어 내 거대한 방목지를 만드는 데 있습니다. 거기에다 아마존 일대 곳곳에서 석유와 지하자원을 개발하고, 도로와 산업시설을 만들고, 도시를 넓히다 보니 숲이 급속도로 망가질 수밖에 없지요. 잊지 말아야 할 것은, 우리가 이곳 대한민국에서 들이마시는 공기 중엔 지구 반대편의 아마존 원시림이 만들어 낸 산소도 들어있다는 사실입니다. 그러니 지금 아마존이 겪고 있는 일은 나와 상관없는 게 아닙니다. 바로 나 자신의 일이기도 하지요.

지구 다른 곳에서 숲이 파괴되는 원인도 그리 다르지 않습니다. 대체로 종이 · 가구 · 건축 재료 등을 만들기 위한 벌목, 대규모 목축과 농장 개간, 광산 개발, 석유 탐사와 채굴, 댐과 같은 산업시설과 도시 건설 등이 주요 원인이지요. 급격한 기후변화도 커다란 원인 가운데 하나고요. 한편으로, 세계 여러 지역에서 난방용이나, 음식을 익히고 요리하는 땔감용으로도 나무를 많이 사용합니다. 하지만 이런 경우는 대개 연료를 구하기 어려운 가난한 사람들이 생계를 위해 하는 일이라고 할 수 있습니다.

방금 살펴본 숲의 다양한 가치와 역할에서 알 수 있듯이, 숲이 없으면 사람과 동식물을 포함한 모든 생명은 온전히 살 수 없습니다. 숲은 지구 생태계를 건강하게 지탱시켜 주는 가장 소중한 버팀목 가운데 하나입니다. 그 숲이 오늘날 지구 곳곳에서 몸살을 앓고 있습니다.

2. 인간이 일으킨 여섯 번째 대멸종

학자들에 따르면, 동물과 식물을 통틀어 이 지구상에서 살아가는 생물종 수는 모두 1400만 종가량이라고 합니다. 무려 1억 종에 이를 거라고 주장하는 전문가들도 있고요. 그런데 그 가운데 공식적으로 확인되고 분류된 생물종은 190만여 종에 지나지 않습니다.*

이런 거대한 생명의 세계는 실로 놀랍습니다. 먼저 질문 하나를 던져 볼까요? 우리가 들이마시는 산소는 어디서 오는 걸까요? 당연히 숲과 나무라고요? 네, 맞습니다. 하지만 절반은 틀린 대답이기도 합니다. 1988년 미국의 어느 과학자가 세계에서 광합성을 하는 가장 작은 생물인 동시에 세계에서 가장 수가 많은 생물인 '프로클로로코쿠스'라는 플랑크톤의 존재를 발표한 적이 있습니다. 이것의 크기는 0.001밀리미터의 절반에 불과하다고 합니다. 바닷물 한 방울에 수십만 개나 들어 있다고 하지요. 놀라운 건, 이 생물이 지구에서 이루어지는 광합성 활동의 무려 절반을 담당한다는 사실입니다. 우리가 들이마시는 산소의 절반을 이 눈에 보이지도 않는 티끌만 한 생물이 만들어 낸다는 거지요. 뿐만이 아닙니다. 펄펄 끓는 물이 솟

* **지구상에서** 생물 다양성이 가장 높은 곳은 열대우림 지역이다. 특히 남미 아마존 지역, 동남아시아 보루네오 섬 일대, 중서부 아프리카 밀림 지대 등이 세계 3대 열대 원시림으로 꼽힌다. 열대우림이 차지하는 면적은 지구 표면의 10퍼센트 정도다. 하지만 지구 전체 생물 다양성의 무려 90퍼센트를 품고 있다.

구치는 온천이나 모든 게 꽁꽁 얼어붙는 극지 바다의 차디찬 물에도 생명체가 살아갑니다. 우리가 세균이라 부르는 생물이지요. 햇빛이 전혀 미치지 않는 땅속 깊은 곳에도 지하 암석에서 영양분을 섭취하는 미생물이 살고요. 이런 생물들은 볼 수도 없고 만질 수도 없습니다. 하지만 이처럼 하찮게 보이는 생물들도 지구의 자연 생태계를 구성하는 어엿한 주인공이라고 할 수 있습니다.

그런데 안타깝게도 오늘날 대규모로 생물종 멸종 사태가 일어나고 있습니다. 20분마다 하나의 생물종이 지구에서 사라지고 있다는 조사 결과도 있고, 유엔에서는 1970년에서 2006년 사이에 야생 척추동물 수의 3분의1이 줄었다는 보고서를 내놓기도 했습니다. 식물

지구 온난화로 빙하층이 점점 사라지면서 북극곰은 멸종 위기에 처하게 되었다.

** 그동안 생물 역사에서 대규모 멸종 사태는 다섯 번 있었다. 그 가운데 공룡이 사라져 버린 6500만 년 전 백악기 때의 대멸종 사태가 가장 유명하다. 이때 바다와 육지를 통틀어 전체 생물의 75퍼센트가 사라졌다고 한다. 또 다른 유명한 대멸종 사태는 바다 생물의 무려 95퍼센트가 멸종한, 2억 4800만 년 전 고생대에 일어났다고 알려져 있다.

종은 4분의1가량이 멸종 위기에 놓여 있다고 하고요. 지구 온난화로 2050년까지 지구 평균 기온이 2도 올라가면 지구상 동식물의 4분의1이 멸종하고, 지금 추세대로라면 21세기 말까지 생물의 절반이 멸종할 것으로 내다보는 학자도 있습니다.

물론 기나긴 지구 역사에서 생물종 멸종은 때때로 일어났던 일입니다. 특히 화산이 폭발하거나, 빙하기가 닥치거나, 대륙이 이동하거나, 바닷물 수위나 바닷물 속 산소나 염분 농도가 바뀌는 것과 같이 자연 생태계에 큰 변화가 닥쳤을 때 생물이 대량으로 사라진 적이 있습니다.** 그런데 그런 멸종 사태가 벌어질 때 공통적으로 기후변화가 일어나고 수많은 생물이 사는 열대 지역과 해안 지역이 줄어들었다고 합니다. 바로 오늘날 우리가 경험하고 있는 일이지요. 그래서 어떤 학자들은 지구 온난화와 기후변화, 열대림을 비롯한 생물 서식지 파괴, 해안 매립과 훼손, 환경오염과 외래종 침입, 남획 등이 대규모로 벌어지는 오늘날의 상황을 두고 그동안 생물 역사에서 발생했던 다섯 번의 대멸종에 이은 '제6의 대멸종'이 시작됐다고 경고하기도 합니다.

자, 그런데 여기서 눈여겨봐야 할 것이 있습니다. 이전의 멸종이 자연 현상이었다면 지금 진행되는 멸종 사태는 인간이 일으키고 있다는 사실이 그것입니다. 실제로 오늘날 멸종 사태를 일으키는 가장 큰 주범은 무차별적인 개발 광풍입니다. 장소를 가리지 않고 도시와 공장과 건물과 도로가 들어서는 데다, 골프장이나 스키장 같은 놀이시설과 관광단지도 너무 많이 건설되고 있습니다. 석유나 지하자원을 캐내는 곳도 갈수록 많아지고 있고, 대규모 방목장이나 농장이 숲을 밀어내고 들어서는 경우도 아주 많지요. 그러니 세계 곳곳의 자연이 파헤쳐질 수밖에 없고, 그 속에서 살아가는 무수한 동식물도 죽거나 쫓겨날 수밖에 없습니다.***

*** **그래서** 지금의 생물종 멸종 사태를 인간이 저지르는 '생물 대학살'이라고 부르는 사람도 있다. 생물종 멸종이 인간이 지구에 나타나기 이전에 견주어 1000배가량 빠른 속도로 진행되고 있다는 연구 결과가 나올 정도다.

새만금 개발 사업과 생물종 멸종

우리나라에서 대규모 개발 사업이 생물종 멸종을 일으킨 경우를 가장 뚜렷이 보여 주는 건 새만금 개발 사업이다. 새만금 사업은 전라북도 군산시와 김제시, 부안군 앞바다를 가로지르는 33.9킬로미터의 방조제를 쌓아 그 안쪽의 갯벌과 바다를 땅과 호수로 만드는 사업이다. 세계에서 가장 긴 것으로 공식 확인된 이 방조제 공사는 1991년 11월에 시작돼 2006년 4월에 끝났다. 이렇게 해서 만들어지는 땅은 서울시 전체 면적의 무려 절반에 이른다. 하지만 이 사업으로 세계 5대 갯벌로 꼽히는 '천혜의 보물창고'인 서해안 새만금 갯벌이 완전히 사라졌다. 그와 동시에 해마다 먹이와 쉴 곳을 찾아 이곳에 날아오던 도요새 등 철새들도 급속하게 자취를 감췄다. 2003년 12월부터 2013년 11월까지 10년 사이에 도요새의 87퍼센트가 줄어들었다. 특히 붉은어깨도요는 98퍼센트나 줄어들어 지난 2012년부터 세계자연보전연맹의 멸종 위기종 목록에 올랐다.

바다와 육지가 만나는 곳에서 만들어지는 갯벌은 물고기와 조개류를 비롯한 수많은 생물이 생활하고 알을 낳고 먹이를 구하는 곳이다. 바다에서 밀어닥치는 태풍과 해일, 육지에서 밀려오는 홍수 등을 중간에서 완화하고 막아 주는 구실도 한다. 또한 육지에서 내려오는 오염 물질을 걸러 주는 '자연의 청소부'이기도 하고, 많은 물을 머금고 있어 지구 온난화를 막아 주는 '환경 파수꾼'이기도 하다. 이런 소중한 갯벌을 파괴하면서 사업을 밀어붙인 정부는 처음엔 간척지 전부를 농지로 활용하겠다는 명분을 내세웠으나, 나중엔 그 비율을 30퍼센트로 크게 줄였다. 나머지 70퍼센트에는 산업단지, 관광레저단지, 과학연구단지, 배후도시 따위를 건설할 계획이다. 갯벌 보전과 농지 확보는 뒷전인 채 천문학적인 돈을 쏟아부어 엄청난 규모의 개발 사업을 벌이고 있는 것이다.

3. 생물 다양성은 왜 중요할까?

생물 다양성이 중요한 가장 큰 이유는 자연이 얼마나 건강한지를 가장 뚜렷이 보여 주는 잣대가 바로 생물 다양성이기 때문입니다. 생태계 안의 모든 생물은 복잡하고 정교하게 얽혀 있는 연결 고리에서 저마다 자기가 맡은 구실을 다하며 살아갑니다. 때문에 생태계 안에서 어느 한 종류의 생물이 멸종하면 서로 얽혀 있는 연결 고리의 한 부분이 끊어지게 되고, 결국 전체 생태계가 위험에 빠지게 됩니다. 또 생물종이 다양할수록 생태계는 환경 변화에 잘 적응할 수 있습니다. 어떤 예상치 못한 환경 변화로 특정 생물종이 큰 타격을 받더라도 다른 생물종이 다양하게 살아 있으면 전체 생태계는 죽지 않으니까요. 생물종이 다양한 생태계는 자연 특유의 놀라운 복원력을 발휘해 사라질 뻔했던 생물종을 다시 살려 내 번식시키게 됩니다. 즉, 생물 다양성은 강하고 안정적인 생태계, 균형과 조화를 이루는 생태계를 유지시켜 주는 열쇠라고 할 수 있지요.

생물 다양성은 사람에게도 매우 중요합니다. 생물종이 줄어든다는 것은 생태계가 위기에 빠졌다는 말이고, 이것은 자연의 일부인 인간도 위기에 처했다는 것을 뜻하니까요. 생물 다양성의 경제적 측면도 소중합니다. 실제로 대부분의 의약품 원료는 자연과 생물한테서 나옵니다. 특히 식물과 미생물은 인간의 면역 체계를 튼튼하게 하는 데 큰 구실을 하며, 이것들에 들어 있는 특정 성분들은 새로운 치료약 개발이나 산업 활동 등에 요긴하게 쓰이지요.

이를테면 은행나무 잎에는 혈액 순환을 돕는 성분이 들어 있고, 버드나무에서는 아스피린 원료가 나옵니다. 주목 껍질에서는 항암제로 쓰이는 성분이 나오고요. 또 지렁이에서는 혈전 용해제가 나오고, 개구리 피부에서는 항생제가 나옵니다. 아프리카의 마다가스카르라는 섬나라에 서식하는 어떤 식물은 갓난아기의 백혈병 치료에 효과적인 약으로 쓰이며, 남미 에콰도르에 사는 독개구리에서 나오는 분비물은 아플 때 통증을 가라앉히는 안정제로 쓰이는데 그 효능이 아주 탁월하다고 합니다. 또 미국의 국립암연구소의 연구 결과에 따르면, 지구상에는 암세포를 물리치는 효능을 지닌 식물이 3000종 넘게 있으며, 그 가운데 70퍼센트가 열대우림에 서식하고 있다고 합니다. 한마디로 동식물 생태계는 그 무엇과도 비교할 수 없는 풍요로운 '천연 약국'인 셈이지요. 그러므로 생물종이 줄어든다는 것은 사람의 건강과 질병 치료에 큰 도움을 주는 물질들이 사라진다는 걸 뜻합니다. 이는 돈으로는 계산할 수 없는, 생물 다양성만이 가진 독보적인 가치입니다.

하지만 생물종의 가치를 꼭 인간에게 이익이 되는가 그렇지 않은가에 따라서만 평가하는 건 짧은 생각이겠지요. 생물은 하나하나 그 자체로 가치가 있으니까요. 하나의 생물종이 사라지면 이 지구가 보유하고 있는 '유전자 창고'의 한 부분도 함께 사라지게 됩니다. 생물종 다양성이 파괴되면 자연이 오랜 세월에 걸쳐 특정 환경에 적응하는 방법으로 가르쳐 준 갖가지 지식들도 함께 사라지게 됩니다. 그러므로 생물종이 계속 줄어들면 자연 자체가 새로운 환경에 적응하는 능력 또한 서서히 잃어버릴 수밖에 없습니다.

멸종이란 단지 하나의 생물종이 사라지는 데서 끝나는 게 아닙니다. 서로 연결되어 있는 자연 전체의 그물망에 '구멍'이 뚫렸다는 것을 뜻하지요. 그래서 생물 멸종은 자연 전체의 파괴와 죽음을 알리는 상징이자 강력한 사전 경고라고 할 수 있습니다.

도도의 슬픈 노래

생물종 멸종을 상징하는 게 바로 '도도'라는 새다. 도도는 본래 아프리카 동쪽 모리셔스라는 섬에 살았다. 비둘기와 친척뻘쯤 되는 도도는 이 섬에 자신을 잡아먹을 천적이 없었던 탓에 진화 과정에서 새의 가장 중요한 보호 수단인 날개가 퇴화해 버렸다. 대신에 땅에 떨어진 열매나 씨앗, 알뿌리 같은 걸 맘껏 먹으며 몸집을 불렸다. 나무가 아닌 땅 위에 둥지를 짓고 한 번에 알을 하나만 낳았다. 그러면서 하늘을 훨훨 날아다니는 새라기보다는 땅 위 생활을 더 잘하는 동물로 바뀌어 갔다.

그런데 16세기 말 네덜란드 탐사대가 이 섬을 방문했을 때부터 도도는 인간의 먹거리가 되었다. 제대로 날지 못하는 도도를 잡는 건 너무나 쉬운 일이었기에 사람들은 마구잡이로 잡아먹었고, 먹고 남은 도도는 소금에 절여서 배에 실어 가기도 했다. 인간과 함께 들어온 잡식성 돼지와 원숭이들은 도도의 알이나 새끼 도도를 먹어치웠다. 그 결과 도도의 수는 급격히 줄어들었다. 그러다 결국 1662년 폭풍으로 배가 고장 난 뒤 간신히 이 섬에 도착한, 굶주린 네덜란드 사람들이 마지막으로 남아 있던 도도를 먹어 없애고 말았다. 수만 년을 살아온 새 도도가 결국은 멸종한 것이다. 도도의 멸종은 인류 역사에서 인간이 어떤 생물을 멸종시킨 첫 사건으로 기록됐다.

북아메리카의 나그네비둘기와 들소도 멸종 사태의 대표 사례로 꼽힌다. 1800년대 초만 해도 하늘을 새카맣게 뒤덮을 정도로 많았던 북아메리카의 나그네비둘기는 1880년대에 갑자기 사라졌다. 정확한 원인을 둘러싸고 논란이 많지만, 결정타는 인간의 남획이었다. 당시 한 가족이 하룻밤 사이에 작대기로 1200마리나 때려잡을 정도였다고 한다. 북아메리카 대륙의 들판을 주름잡던 들소도 인간의 마구잡이 학살과 남획으로 야생에서는 자취를 감추고 말았다.

위기의 물과 바다

3장

1. 물을 둘러싼 고통과 분쟁

물이 없다면 사람은 기껏해야 3~7일밖에 살지 못합니다. 이에 견주어 음식을 먹지 않고 버틸 수 있는 기간은 길게는 50일이나 된다고 합니다. 물론 사람에 따라 차이가 크겠지만 말입니다. 그만큼 물은 사람과 생물의 생존에 절대적으로 소중합니다.

이런 물은 끊임없이 순환합니다. 먼저, 태양이 바다를 비추면 바닷물이 증발하여 구름이 생깁니다. 수증기로 이루어진 구름은 바람을 타고 여기저기로 옮겨 다니면서 비를 뿌리지요. 땅에 떨어진 빗물은 강이나 시냇물 등을 따라 이동하면서 다시 바다에 이르게 됩니다. 빗물 가운데 일부는 땅 밑으로 스며들어 지하수가 되고요. 지구 전체 표면의 74퍼센트를 차지하는 게 바로 이 물입니다. 사실은 우리 몸의 70퍼센트도 물로 이루어져 있지요. 그러니 사람은 물이 없으면 금방 목숨을 잃을 수밖에 없습니다.

그런데 지구 전체의 물은 엄청나게 많지만 그 가운데 97퍼센트는 바닷물입니다. 소금기가 없어 먹을 수 있는 담수, 곧 민물은 3퍼센트 정도밖에 되지 않습니다. 그나마 담수의 90퍼센트는 극지방의 빙하나 만년설 형태로 얼어 있는 탓에 우리가 실제로 사용할 수 있는 건 나머지 10퍼센트에 불과합니다. 강, 호수, 연못, 습지 등의 물과 지하수가 바로 이 10퍼센트의 물이지요. 그래서 사람이 실제로 손쉽게 쓸 수 있는 물은 지구 전체 물의 0.3퍼센트에 지나지 않습니다.

물의 불평등

이 물이 오늘날 커다란 위기에 처해 있습니다. 갈수록 물이 부족해지는 데다 심각하게 오염되고 있기 때문입니다. 하지만 우리 대부분은 이런 사실을 잘 알지도 느끼지도 못합니다. 수도꼭지만 틀면 물이 콸콸 쏟아지는 편리한 생활환경에 길들여져 있는 탓이지요. 그러나 세계 여기저기엔 깨끗한 물을 구할 수 없어 극심한 고통과 불편을 겪는 사람들이 적지 않습니다.

이를테면 70억이 넘는 전 세계 인구 가운데 8억 4000만 명이 흙

탕물을 마시거나 분뇨로 오염된 수도관에서 물을 받아 마십니다. 세계 인구의 3분의1이 물 부족으로 고통받고, 20억이 넘는 사람이 위생시설의 혜택을 누리지 못한다는 조사 결과도 있지요. 안타까운 것은, 세계적으로 볼 때 깨끗한 물을 넉넉하게 쓰는 사람들과 그렇지 못한 사람들이 대륙과 지역과 나라에 따라 뚜렷이 나뉜다는 사실입니다. 또한 물이 부족한 나라라 해도 잘사는 사람과 가난한 사람, 도시와 시골에 따라 물로 인해 짊어져야 할 고통의 무게가 크게 다릅니다.

물 문제가 가장 심각한 곳은 아프리카 대륙입니다. 10억에 이르는 아프리카 전체 인구 가운데 3억 명 정도가 깨끗한 물을 제대로 마시지 못하고 있지요. 그중에서도 특히 가난한 나라들이 빼곡하게 모여 있는 사하라 사막 이남 지역은 사정이 더욱 나쁩니다. 이곳의 아주 가난한 나라들에선 10명 가운데 1명이 단순히 깨끗하지 않은 물이 아니라 강, 호수, 연못 등의 물을 아무런 정화 처리도 하지 않은 채 그냥 퍼 마시며 살아갑니다. 또 벽이나 지붕이 없는 화장실, 이를테면 땅에 구덩이를 파서 화장실로 대신 쓰는 사람이 4명 가운데 1명꼴이나 되고요. 세계 전체를 볼 때 집 내부로 연결된 상수도관으로 물을 얻는 사람은 전 세계 인구의 54퍼센트이지만, 이 지역에서 물을 이렇게 얻는 사람은 전체 주민의 11퍼센트에 지나지 않습니다. 더군다나 도시가 아닌 시골로 가면 주민의 불과 3퍼센트만이 이런 혜택을 누리고 있지요.

이 지역은 특히 같은 나라 안에서도 물 사용을 둘러싼 불평등이 아주 심각합니다. 예를 들어 도시 지역에서 상위 20퍼센트에 속하는 부유층은 90퍼센트 이상이 비교적 깨끗한 물과 화장실을 사용하고, 상수도를 쓰는 비율 또한 60퍼센트에 이릅니다. 이에 반해 시골에서 하위 20퍼센트에 속하는 빈곤층은 상수도를 써 본 경험 자체가 없고, 벽과 지붕이 없는 화장실을 사용하는 인구 비율이 60퍼센트를 넘습니다.*

물 문제의 또 하나의 두드러진 특징은 물이 지구상에 골고루 분포하지 않는다는 점입니다. 담수가 특정 지역에 집중돼 있고, 다른 지역에서는 물이 부족하다는 거지요. 전 세계 200여 나라 가운데 물이 풍부한 10개 나라의 담수 양이 지구 전체 담수의 60퍼센트가 넘는다고 합니다. 예컨대 미국과 캐나다가 있는 북아메리카 지역은 깨끗한 물이 풍부하고, 수도관을 충분히 설치해서 물을 여러 곳으로 보낼 수 있는 돈도 넉넉합니다. 하지만 그렇지 않은 나라도 아주 많습니다. 이런 데서는 여성이나 어린이들이 날마다 몇 킬로미터나

* **이를테면,** 케냐의 아주 가난한 빈민촌 주민들은 물이 부족한 데다 물을 살 돈이 없어 한 사람당 하루 8.5리터의 물밖에 쓰지 못한다. 이곳에서는 구덩이를 파서 만든 한 개의 화장실을 주민 150명이 함께 사용한다. 여기서 나오는 분뇨는 정화되지 않은 채 땅과 강을 오염시킨다. 이곳에서 가장 많이 발생하는 질병인 말라리아, 설사, 기생충 감염은 모두 비위생적인 물이나 화장실과 관련돼 있다. 한 사람당 하루 물 사용량은 미국의 경우 평균 600리터, 유럽은 250~350리터, 아프리카 사하라 이남 지역은 10~20리터 정도다. 우리나라의 한 사람당 하루 물 사용량은 300리터를 훌쩍 넘는다.

** 대표적으로, 아시아의 신흥 경제대국인 중국과 인도가 폭발적으로 늘어나는 전력 수요를 충족하려고 큰 강들에 앞다투어 댐을 짓는 바람에 그 강들이 지나는 주변 나라들과 큰 다툼을 벌이고 있다. 어느 나라가 강 상류에 댐을 지어 강물을 통제하고 관리하면 그 강이 거쳐 가는 여러 나라들, 특히 하류 쪽에 자리 잡은 나라들은 큰 피해를 볼 수밖에 없다. 중국 티베트에서 시작돼 인도와 방글라데시를 거쳐 인도양으로 흘러들어 가는 브라마푸트라 강, 중국뿐만 아니라 타이(태국) · 라오스 · 베트남 · 캄보디아 등 여러 나라가 복잡하게 얽혀 있는 동남아의 메콩 강, 터키 · 시리아 · 이란 · 이라크 등이 관련되는 중동의 티그리스 강과 유프라테스 강, 이스라엘 · 요르단 · 팔레스타인 사이에 격렬한 충돌을 불러일으키는 요르단 강 등이 물 분쟁이 벌어지는 세계 주요 강들이다.

떨어진 곳까지 걸어가서 물을 길어 와야 하는 경우가 흔합니다. 대표적인 곳이 중동 지역이지요. 이곳에는 세계 인구의 5퍼센트가 살지만 물 보유량은 지구 전체의 1퍼센트도 채 되지 않습니다.

게다가 전 세계적으로 250개가 넘는 강이나 호수가 한 나라가 아닌 여러 나라 사이에 걸쳐 있습니다. 전 세계 인구의 절반이 여러 나라 국경을 흐르는 강의 물을 끌어다 쓰는 지역에 살고 있기도 하고요. 그래서 세계 곳곳에서 물을 둘러싼 분쟁이 갈수록 잦아지고 또 격렬해지고 있습니다. 물을 최대한 많이 확보하는 게 국민 생존과 건강은 물론 경제 발전에도 필수 조건이 되고 있는 거지요. 특히 위험한 곳은 아시아, 아프리카, 중동 지역입니다. 급속한 경제성장에 따라 물 수요가 크게 늘고 있는 개발도상국들이 이 지역에 몰려 있기 때문입니다.**

목숨을 위협하는 더러운 물

물의 오염도 큰 문제입니다. 특히 가난한 나라가 많은 아시아, 아프리카, 라틴아메리카(중남미)의 공장이나 집, 건물 등에서 나오는 오폐수의 상당량은 오염 물질이 제대로 처리되지 않은 채 그대로 강이나 바다로 흘러들어 가고 있지요. 이 탓에 많은 사람이 죽거나 병에 걸리고 있습니다. 특히 어린이나 노인 같은 약자들이 큰 피해를 보고 있지요. 유엔 산하 기구인 세계보건기구(WHO)에서 지구상 모든 질병의 80퍼센트가 오염된 물과 관계가 있다고 보고한 적이 있을 정도입니다. 전 세계에서 설사병으로 숨지는 사람들 가운데 88퍼센트가 더러운 물과 화장실 탓에 병에 걸리며, 세계적으로 날마다 5000명이 더러운 물 때문에 쉽게 예방할 수 있는 질병에 걸려 목숨을 잃는다는 조사 결과도 있고요.

이처럼 오늘날 물은 양과 질 두 측면 모두 심각한 위기로 빠져들고 있습니다. 그래서 유엔에서는 지난 2010년 총회를 열어 깨끗한 식수와 화장실을 사용할 권리를 인간의 기본권으로 선언하기도 했지요. 물로 인한 불편이나 고통을 당장 내가 겪지는 않더라도 물 문제가 인류 전체가 시급히 해결해야 할 중요한 숙제라는 걸 잘 알아둘 필요가 있습니다.

2. 물은 모두의 공동 자산이다

갈수록 부족해지는 물

지난 20세기 100년 동안 세계 인구는 3배가 늘었지만, 물 소비량은 7배나 늘었습니다. 물이 어디서 새로 생겨나지 않는 한 물이 부족해지리라는 건 불을 보듯 빤한 일이지요.

특히 심각한 것은 세계 곳곳의 지하수 고갈입니다. 담수, 곧 민물은 대부분 강과 호수로 흐르고, 땅 표면 바로 밑의 지하수나 깊은 곳에 저장돼 대수층을 이룹니다. 대수층이란 지하수가 있는 땅 밑 지층을 말하지요. 대수층은, 물이 있는 곳까지 우물을 파서 어렵지 않게 물을 끌어 올릴 수 있기 때문에 안정적인 식수원 구실을 톡톡히 합니다. 문제는 물을 뽑아내는 속도가 물이 다시 고이는 속도보다 훨씬 빠르다는 점입니다. 더구나 땅속에 고인 물이 마르면 단순히 먹을 물만 부족해지는 게 아니라 땅 위를 흐르는 물, 곧 지표수 공급원도 덩달아 사라지게 됩니다. 물의 안전성이나 청결도가 떨어지는 것도 문제입니다. 지하수에는 금속 성분 같은 불순물이 가라앉아 있는 경우가 많은데, 물을 뽑아 쓸수록 깨끗한 위쪽 물은 없어지고 점점 더 깊은 바닥 쪽 지하수를 퍼 올리게 되기 때문이지요. 땅 위의 오염된 물이 정화되지 않은 채 지하로 스며드는 것도 지하수 오염을 부추기고요.

게다가 숲, 습지, 초원 등은 물을 듬뿍 머금고 있어서 물의 저장과 공급에 매우 중요한 구실을 하는데, 이런 곳들이 갈수록 경작지, 목초지, 공장, 관광지 등으로 개발되는 바람에 급속하게 훼손되거나 사라지고 있습니다. 이 또한 물을 줄어들게 만드는 중요한 요인이지요.

'보이지 않는 물'을 아시나요?

사실 일반 가정에서 쓰는 물의 양이 아주 많은 건 아닙니다. 전 세계 식수의 70퍼센트는 경작지와 목초지, 대규모 농장, 비닐하우스 같은 농축산업 활동에 사용되고 있습니다. 공장 같은 산업시설에서 쓰는 물은 22퍼센트 정도이고, 가정에서는 8퍼센트가량을 쓰고 있지요.

그런데 이 대목에서 주목할 것이 있습니다. 우리가 직접 마시고 씻고 요리하는 데 쓰는 물보다 음식이나 물건을 생산하는 데 쓰이는 물이 훨씬 더 많다는 사실이 그것입니다. 예를 들면, 씨를 뿌려 곡식을 재배하고 수확하여 빵 1킬로그램을 구워 내기까지는 1000리터의 물이 필요합니다. 쌀 1킬로그램을 얻으려면 3000~5000리터의 물이, 쇠고기 1킬로그램을 얻는 데는 1만 3000리터 정도의 물이 필요하고요.***이런 식으로 따져 보면 서구 선진국 사람이 하루 동안 식사할 때 쓰는 물의 양은 무려 욕조 15개 분량에 이른다고 합니다.

이처럼 겉으로 잘 드러나지는 않지만 어떤 물건이나 먹거리를 생산하는 데 쓰이는 물을 '보이지 않는 물' 또는 좀 어려운 말로 '가상

수(Virtual Water)'라고 합니다. 수많은 부품으로 조립된 자동차를 만드는 데 쓰이는 보이지 않는 물의 양은 무려 40만 리터에 이른다지요. 결국, 우리나라를 포함한 잘사는 나라 사람들이 편리한 생활과 풍요로운 식사를 즐기는 데 지구 곳곳 가난한 나라들의 물이 엄청나게 쓰이는 셈입니다. 그러니 자연의 물은 위에서 아래로 흐르지만 보이지 않는 물은 돈 없는 곳에서 돈 있는 곳으로 흘러간다고 할 수 있습니다. 물을 구조적으로 낭비하고 불평등하게 소비하게 만드는 지금의 경제 및 산업 시스템과 상품 생산 방식을 바꾸지 않는 한 물 위기를 근본적으로 해결하기는 어렵다고 얘기하는 이유가 여기에 있습니다.

하지만 각 개인이 물을 아껴 쓰는 것 또한 중요하다는 건 두말할 필요도 없습니다. 실제로 선진국 사람들은 전체 물 사용량의 3분의 1은 욕실에서 몸을 씻는 데 쓰고, 또 다른 3분의1은 화장실에서 쓴다고 합니다. 10퍼센트 정도는 세탁기를 돌리는 데 쓰고요. 그래서 정작 가장 중요한 먹고 마시는 데 쓰는 물은 전체 물 소비량 가운데 아주 작은 비중만을 차지합니다. 물 부족으로 생존을 위협받고 큰 고통에 시달리는 세계 곳곳의 사람들을 떠올리면 이런 물 소비 형

*** **커피** 한 잔만 마셔도 거기에 들어간 모든 물의 양은 140리터에 이른다. 커피콩을 재배하고 수확해 운송한 뒤 가공하고 유통시켜 최종 소비자에게 갈 때까지 사용된 물의 총량을 계산하면 그렇다는 것이다. 이렇게 계산하면 샌드위치에 들어가는 조그만 빵엔 물 150리터, 햄버거엔 3000리터, 스테이크엔 5000리터의 물이 숨어 있다.

태는 반성할 여지가 큽니다. 우리의 일상생활 모습은 이와 얼마나 다를까요?

물은 아무도 마음대로 소유할 수 없습니다. 사람을 포함한 모든 생명체의 공동 자산이니까요. 그래서 물을 공평하게 분배하고 아껴 쓰는 게 아주 중요합니다. 물을 효율적으로 잘 관리하는 것도 필수적이고요. 자연이 그러하듯이 우리는 물의 일부이고, 물은 우리의 일부입니다.

볼리비아 코차밤바의 '물 싸움'

물이 귀해지자 물도 상품으로 변질되고 있다. 수많은 기업이 생수 제조와 판매 같은 '물장사'에 뛰어드는 게 좋은 보기다. 물이 '블루 골드(blue gold)', 곧 '푸른 황금'이라 불리는 까닭이 여기에 있다. 하지만 생명체 모두의 공동 자산이자 공유재인 물을 특정 기업이 돈벌이 대상으로 삼는 이런 '물의 사유화'에 저항하는 투쟁이 지구 곳곳에서 벌어지고 있다. 남미 볼리비아 코차밤바에서 벌어진 '물 싸움'이 대표적이다.

볼리비아는 지난 1982년에 100년이 넘는 지긋지긋한 군사독재를 끝냈다. 하지만 물가가 엄청나게 오르는 등 혼란이 계속됐고, 그 와중에 해외 투자도 끊겨 정부의 돈 사정이 갈수록 어려워졌다. 이에 볼리비아 정부는 세계은행에서 돈을 빌리기로 했는데, 세계은행은 돈을 빌려 주는 대신 조건을 내걸었다. 공공 서비스를 민간 기업에 넘겨 효율성을 높이라는 것이었다. 이에 따라 1999년 볼리비아 제3의 도시 코차밤바의 물이 기업 손에 넘어가게 됐다. 미국의 거대 기업을 비롯해 몇몇 기업이 한데 뭉쳐 코차밤바의 상하수도 운영권을 따낸 것이다. 이들 기업은 코차밤바의 모든 물은 자기들 것이라고 주장하면서 시냇물과 강물을 개인이 함부로 쓰지 못하게 했고, 빗물을 모으는 것도 막았다. 각 마을에 있는 공동 우물도 쓰지 못하게 했다. 대신에 수도세, 곧 물값은 매달 평균 35퍼센트씩이나 올렸다. 머잖아 물값이 세 배나 껑충 뛰었다. 돈을 내지 못하는 수많은 집에는 물 공급이 끊겼고, 사람들은 수입의 5분의1을 물값으로 내야만 했다. 당시 세계보건기구가 수도세로 나가는 돈은 수입의 2퍼센트가 적당하다고 했으니, 그 지역 주민은 적정 수준보다 10배나 많은 돈을 뜯겨야만 했던 것이다.

이전에 이곳에서는 물을 마을 단위로 공동 관리했다. 스스로 물탱크에 빗물을 받아서 쓰는 집도 있었다. 물을 자치적이고 민주적이고 공동체적으로 사용했다. 그러니 이곳 사람 입장에서는 물이 누군가의 소유가 된다는 것 자체가 이해할 수 없는 일이었다. 참다못한 주민들은 거리로 나섰다. 물 사유화에 맞서 싸우기 시작한 것이다. 저항이 거세지자 경찰은 최루탄과 고무탄을 쏘며 강제 진압에 나섰고, 정부는 계엄령을 선포하기까지 했다. 분노한 주민들의 시위는 더욱 격렬해졌고, 1년이 넘도록 끈질기게 이어졌다. 그 와중에 17살 소년을 비롯해 6명이 숨지고 175명이 다쳤다. 결국 정부는 그런 값비싼 희생을 치르고서야 주민 요구를 받아들이면서 물러섰다. 기업들의 상하수도 운영권은 박탈됐다. 지역 사회는 물 운영 권리를 되찾았다.

온 세계가 주목한 코차밤바 민중의 물 투쟁은 그렇게 주민 승리로 끝났다. 이 싸움의 의미는 단지 물 사유화를 막아 낸 데서 끝나지 않았다. 이 싸움은 기업의 지나친 탐욕과 횡포를 온 세계에 고발하고, 지역 주민의 삶과 그들이 이루는 공동체를 지키는 것이 얼마나 중요한지를 널리 알리는 뜻 깊은 계기가 되었다.

3. 신음하는 바다

바다, 세계에서 가장 큰 쓰레기장

세계에서 가장 큰 쓰레기장은 어디에 있을까요? 육지에 있을까요, 바다에 있을까요? 아마도 육지라고 답하는 사람이 많을 듯합니다. 사람들이 뭔가를 만들고 쓰고 버리는 장소가 대체로 육지니까요. 아닙니다. 답은 바다입니다. 태평양에 있는 거대한 '쓰레기 섬'이 바로 이 지구에서 가장 큰 쓰레기장이지요.

태평양의 '쓰레기 섬'이란 하와이 섬과 일본 사이, 그리고 하와이 섬과 미국 서부 해안 사이의 태평양을 떠다니는 두 개의 엄청나게 큰 쓰레기 더미를 일컫는 말입니다. 하와이와 일본 사이, 그러니까 태평양 서쪽의 쓰레기 섬만 해도 우리가 사는 한반도 면적의 7배나 될 정도로 어마어마하게 크고, 태평양 동쪽의 것도 미국에서 두 번째로 큰 주인 텍사스 주 면적의 두 배나 된다고 합니다. 이 쓰레기 섬은 플라스틱, 비닐, 타이어, 그물 따위 사람이 버린 온갖 쓰레기가 플랑크톤과 뒤섞여 끈적끈적한 죽과 같은 상태를 이루고 있습니다. 쓰레기 가운데 20퍼센트만이 배에서 버린 것이고 80퍼센트는 육지에서 온 것인데, 전체의 90퍼센트가 플라스틱 물질입니다. 그래서 이 쓰레기 섬을 '플라스틱 섬'이라 부르기도 하지요.

쓰레기 섬은 어떻게 생겨났을까요? 북태평양에는 고기압 아래에서 시계 방향으로 둥그렇게 도는 해류가 있는데, 이것이 이 쓰레기 섬이 있는 지점에 이르면 소용돌이를 만들면서 흐름이 급격히 느려지게 됩니다. 바로 이 때문에 육지 곳곳에서 버려진 쓰레기가 이 해류를 타고 바다를 떠다니다가 이곳에 갇히면서 모이게 되는 겁니다.

한데 플라스틱 쓰레기는 햇빛, 바람, 파도 등의 작용으로 서서히 작은 알갱이로 부스러집니다. 이 때문에 바다가 오염되는 것도 문제이지만, 물고기를 비롯한 바다 생물이 이것을 먹이로 착각해서 먹는다는 게 더 큰 문제입니다. 플라스틱을 먹은 생물은 큰 병에 걸리거나 결국은 죽음에 이를 가능성이 아주 높습니다. 이런 물고기를 사람이 먹게 될 가능성도 높고요. 결국 인간이 버린 쓰레기가 다시 인간에게로 되돌아오는 셈이지요. 사람 흔적 하나 찾아볼 수 없

어미가 물어다 준 플라스틱을 먹은 알바트로스 새끼.

는 망망대해에 사람이 남긴 문명의 발자국이 거대하게 찍혀 있음을 생생하게 보여 주는 태평양의 쓰레기 섬. 이 섬은 육지에서 버린 쓰레기라 해도 그것이 결국은 머나먼 바다까지 망가뜨리고, 나아가 우리 자신을 죽이는 부메랑으로 되돌아올 수 있다는 사실을 잘 가르쳐 줍니다.

바다가 울리는 위기의 경보음

쓰레기를 많이 버리고 물고기를 마구 잡아도 바다는 너무나 광대해서 별다른 피해가 없을 거라고 여기는 사람들이 간혹 있습니다. 하지만 이는 착각이자 오해입니다. 쓰레기 섬 이야기가 상징하듯이 오늘날 바다가 울리는 위기의 경보음은 갈수록 커지고 있습니다.

바다를 오염시키는 원인의 대부분은 육지에서 발생합니다. 화학물질과 중금속 같은 유해 쓰레기, 공장과 집 등에서 나오는 각종 폐수, 농업 생산 과정에서 버려지는 비료와 농약 등이 바다로 흘러들어 가니까요. 더구나 가난한 나라나 개발도상국의 경우는 지금도 집이나 공장에서 발생하는 더러운 물의 거의 대부분이 깨끗이 정화 처리되지 않은 채 강과 호수, 바다로 그대로 흘러들어 가고 있지요. 무분별한 해안 개발과 갯벌 매립, 바다에 묻혀 있는 석유와 광물자원의 지나친 채굴, 잦은 선박 사고 등도 바다를 오염시키는 주요 원인으로 꼽히고요.

또 하나 중요한 것은 지구 온난화와 바닷물 산성화입니다. 온난화로 바닷물 온도가 크게 올라가고, 사람들이 배출하는 이산화탄소가 갈수록 바다에 많이 흡수되면서 바닷물이 지나치게 산성화되고 있다는 얘기지요. 바닷물의 온도와 화학 성분이 변하면 생태계 균형이 무너지기 마련입니다. 산호와 조개 같은 생물은 단단한 껍데기나 골격이 녹아내리고, 바다의 먹이사슬 또한 크게 헝클어지게 되지요. 물고기의 지나친 남획도 바다를 황폐화시키고 있습니다. 그 결과 수많은 물고기가 멸종 위기로 내몰리고 있다는 경고가 계속 나오고 있습니다. 유엔의 조사 결과에 따르면, 물고기 남획으로 식용 생선의 무려 4분의3이 줄어들었다지요.****

이젠 그간 잊고 있었던 바다의 가치를 다시금 되새길 때입니다. 바다는 지구의 생태적 균형을 유지하는 데 매우 중요한 구실을 합니다. 무엇보다 바다는 지구 기후를 조절하고 변화시킵니다. 지구 표면의 70퍼센트를 차지할 만큼 엄청난 양의 물로 넘실대는 바다는 열기를 보유하는 능력이 아주 탁월해서 지구 기후를 조절하는 데 큰 영향을 미치지요. 특히 해류 순환은 대기와 바다 사이에 대규모로 열을 교환하게 만듦으로써 지구 기후의 균형을 이루는 데 큰 도

**** 특히 참치, 범고래, 상어, 넙치, 대구 등이 급속히 줄어들고 있다. 실제로 전 세계 어선 수는 물고기를 비롯한 바다 자원의 지속가능한 이용에 적절한 수보다 무려 250배나 많다고 한다. 이렇게 많은 배들이 전 세계 바다 구석구석을 샅샅이 휩쓸고 다니면서 물고기를 싹쓸이하고 있는 것이다.

움을 줍니다.

35억 년 전 지구상 최초의 생명이 출현한 곳도 바로 바다입니다. 앞에서도 잠깐 얘기했듯이, 바다는 우리가 들이마시는 산소의 거대한 공급원이기도 합니다. 바다는 또한 이산화탄소를 흡수하는 능력이 아주 뛰어납니다. 우리 인간에게 다양한 먹거리와 에너지, 지하자원을 제공해 준다는 건 두말할 필요도 없고요. 그러니 바다 덕분에 바다 생물은 물론 육지 생물도 살아갈 수 있다고 해도 지나친 말이 아닙니다.

이런 바다를 우리는 너무 오랫동안 지나치게 함부로 다루어 왔습니다. 당장 눈앞의 필요와 이익에 따라 온갖 물고기를 싹쓸이하고, 자원을 캐내느라 바다 밑바닥에 마구 구멍을 뚫고, 바다에 함부로 쓰레기를 버리거나 더러운 물을 흘려보내는 일은 이제 그만두어야 합니다. 바다가 아무리 넓고 깊다고 한들 자신에 대한 맹렬한 공격을 영원히 견뎌 낼 수는 없는 노릇이니까요. 그리고 이것은 바다뿐만 아니라 지구 생태계 전체에 적용되는 얘기이기도 합니다.

2부

더워지는 지구

지구 온난화의 재앙

지구온난화의 맨얼굴

1장

1. 나라 전체가 바다에 잠기다니…

갈수록 바닷물 수위가 높아지는 바람에 국토를 포기할 수밖에 없는 나라. 지금도 열대폭풍이 휘몰아칠 때면 국토의 이곳저곳이 물에 잠기는 나라. 그래서 머지않아 국민 모두가 다른 나라로 이주할 것인지, 아니면 섬에 그대로 남아서 죽을 것인지를 선택해야 하는 나라.

이런 어처구니없는 일이 벌어지고 있는 곳은 태평양의 작은 섬나라 투발루입니다. 9개의 자그만 산호초 섬으로 이루어져 있고 인구가 1만 명 정도에 불과한 이 섬나라는 온 나라를 통틀어 가장 높은 곳이 해발 4미터 정도에 지나지 않습니다. 그러니 바닷물이 조금만 높아져도 큰 난리가 날 수밖에 없지요.

해마다 평균 5.3밀리미터씩 바닷물이 차오르고 있는 이곳 투발루는 산호초 위에 만들어진 섬이어서 바닷물이 해안에서만 밀려오는 게 아닙니다. 바닷물이 산호초 사이로 스며드는 탓에 섬 안쪽에서도 바닷물이 차오르곤 하지요. 그래서 먹는 물로 사용하는 지하수나 농사짓는 땅이 소금기로 오염되고, 먹거리가 되는 작물들도 큰 피해를 보고 있습니다. 해변은 점점 깎여 나가고 있고요. 땅과 물이 갈수록 줄어들거나 못쓰게 되고 있는 겁니다. 지금 이대로라면

태평양의 작은 섬나라 투발루. 해마다 바닷물이 점점 차오르고 있어,
앞으로 50~70년 안에 나라 전체가 바닷속으로 가라앉을 가능성이 높다. (2000, 투발루 푸나푸티 해변)

투발루는 앞으로 50~70년 안에 나라 전체가 바닷속으로 가라앉을 가능성이 높다고 합니다. 이곳 주민들이 살아남으려면 그 전에 다른 나라로 이주할 수밖에 없다는 얘기지요.

위태로운 건 투발루만이 아닙니다. 33개의 작은 섬으로 이루어진 키리바시라는 나라 또한 무척 위험합니다. 투발루에서 그리 멀지 않은 적도 인근 태평양에 자리 잡은 나라이지요. 키리바시의 인구는 10만여 명 정도인데, 키리바시 국민 1인당 이산화탄소 배출량은 전 세계 1인당 이산화탄소 배출량의 8분의1, 우리나라 국민 1인당 이산화탄소 배출량의 17분의1에 지나지 않습니다. 그럼에도 국토의 평균 높이가 3미터에도 못 미치는 산호섬인 탓에 온난화 피해의 직격탄을 맞고 있습니다. 투발루와 함께 키리바시 국토의 대부분도 40~50년 안에 사람이 살기 어려운 곳으로 전락할 가능성이 높다고 합니다.

키리바시는 물 부족 현상도 심각합니다. 바닷물이 땅속으로 스며드는 탓에 집 근처 우물은 대부분 식수로 쓰기 어려워 대다수 주민이 비가 오는 시기에 맞춰 빗물을 받아 두었다가 끓여 먹는 실정이지요. 이미 정부가 장기적인 국민 이주 프로그램을 추진할 정도로 키리바시는 죽느냐 사느냐가 걸린 생존의 벼랑으로 내몰리고 있습니다. 이 밖에도 피지, 토켈라우 등을 비롯한 지구 곳곳의 여러 섬나라나 평균 높이가 낮은 바닷가 지역에도 불길한 그림자가 짙게 드리우고 있습니다.

세계 전체를 볼 때 사람들이 집중적으로 몰려 사는 곳은 대체로 바닷가에 가까운 낮은 지역입니다. 이런 곳은 땅이 평평해서 농사를 짓거나 도시를 건설하기 쉽고 사람이 살기에 여러모로 편리하기 때문이지요. 실제로 전 세계 인구의 3분의1 이상이 바다에서 100킬로미터 이내에 살고 있고, 세계에서 가장 큰 도시 20개 가운데 절반 이상이 바닷가에 자리 잡고 있습니다.

그런데 바닷물 수위가 1미터만 높아져도 해안선은 무려 1500미터나 내륙 쪽으로 물러나게 된다고 주장하는 전문가들이 많습니다. 이런 판국에 여러 연구기관들은 앞으로 100년 뒤에는 바닷물 높이가 낮게는 0.31미터에서 높게는 1.24미터까지 높아질 거라는 예측을 내놓고 있습니다.* 만약에 실제로 이렇게 된다면 엄청난 피해와 혼란을 피할 수 없을 터이고, 무엇보다 수천만에서 수억 명에 이르는 사람이 자기 집을 떠나 안전한 곳으로 피난을 갈 수밖에 없겠지요.

이런 무서운 사태를 일으키는 주범이 바로 지구 온난화입니다. 지구가 더워지는 바람에 바닷물 온도도 덩달아 높아지니 바다의 몸도 불어나게 됩니다. 온도가 올라가면 물의 부피 또한 팽창하니까요(온도가 올라가면 분자 운동이 활발해지고, 그리되면 결과적으로 분자 사이 간격이 넓어져서 부

* 물론 이런 예측은 틀릴 수 있다. 바닷물 높이가 얼마나 높아질지, 높아지는 속도가 얼마나 될지 등을 정확하게 예측하는 것은 근본적으로 불가능하다. 바다라는 생태계 자체가 워낙 거대하고 복잡한 데다, 인간의 노력에 따라 결과는 얼마든지 달라질 수 있기 때문이다. 하지만 명백한 사실이 있다. 바닷물 높이가 지난 100년 사이에 1.17미터 상승했고, 지금도 점점 상승하고 있다는 것이 그것이다.

피가 커지게 된다). 여기에다 육지의 얼음, 즉 남극의 빙하, 북극 그린란드의 빙하, 여러 대륙 고산지대의 만년설과 빙하 같은 것들도 녹아내려 바다로 흘러들어 가게 됩니다. 그러니 당연히 바닷물 수위가 갈수록 높아질 수밖에 없지요.

영국의 식민지였던 투발루와 키리바시는 각각 1978년과 1979년에 독립했습니다. 탄생한 지 얼마 되지 않은 나라들이지요. 그래서 이대로 간다면 투발루와 키리바시는 수많은 현대 국가 중에서 가장 역사가 짧은 나라로 기록될지도 모릅니다. 이전에는 상상도 할 수 없었던, 지구 온난화가 낳은 커다란 비극이 아닐 수 없습니다.

2. 자기 땅에서 쫓겨나는 사람들

이번엔 아시아의 방글라데시라는 나라를 살펴볼까요? 인도양을 끼고 있는 이 나라는 인구밀도 세계 1위의 아주 가난한 나라입니다. 그런데 이 나라는 세계에서도 가장 악명 높은 지구 온난화 피해 지역으로 손꼽히고 있습니다. 왜 그럴까요?

방글라데시는 지리적인 위치 탓에 삼각주가 아주 넓게 펼쳐져 있습니다. 삼각주가 국토의 거의 대부분을 차지하고 있다는 말이 나올 정도지요. 삼각주란 강이 바다로 흘러들어 가는 어귀에, 강물이 운반해 온 모래나 흙이 쌓여 이루어진 평평한 지형을 말합니다. 방글라데시는 히말라야 산맥에서 시작하는 커다란 강들이 서로 만나 인도양의 벵골 만으로 흘러드는 길목에 자리 잡고 있습니다. 방글라데시에 삼각주가 드넓게 생겨난 까닭이지요.

대개 삼각주는 땅이 아주 기름집니다. 강물이 모래나 흙뿐만 아니라 여러 가지 영양 물질도 함께 실어 오는 덕분입니다. 그래서 방글라데시 사람들은 오랜 세월 이 비옥한 삼각주에서 농사를 지으며 살아왔습니다. 하지만 삼각주는 땅 높이가 낮은 탓에 비가 많이 오면 물에 잠기기 쉽습니다. 더구나 방글라데시는 세계에서 비가 가장 많이 오고 태풍이 유난히 자주 들이닥치는 곳으로 이름난 곳입니다.

이 나라에 홍수가 특히 잦아진 것은 1980년대부터입니다. 1980년

갠지즈 강 유역에 넓게 자리 잡은 방글라데시 삼각주.

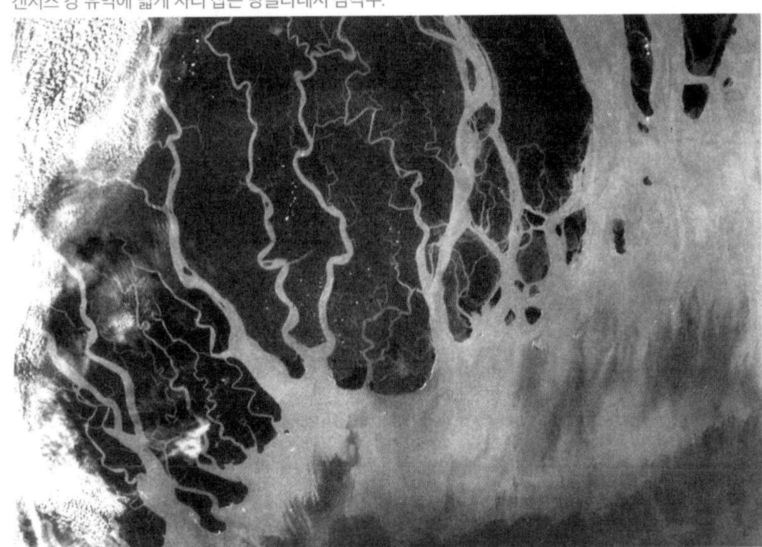

대 후반에서 1990년대 초반 사이에 발생한 대규모 홍수 탓에 국토의 절반 이상이 물에 잠기고 10만 명에 이르는 사람이 사망하는 비극이 발생하기도 했지요. 엄청난 '물 폭탄'을 맞아 논이 사라지고 망가지는 것은 물론 수많은 사람이 1년에 몇 번이나 집을 잃어야 했습니다. 그렇게 삶의 뿌리가 뽑힌 사람들은 임시로 아무렇게나 지은 판잣집에서 근근이 살아가거나, 먹고살 길을 찾아 대도시 빈민촌으로 흘러들어 갈 수밖에 없었습니다. 최근 방글라데시 주요 도시들의 빈민촌 인구가 크게 늘어난 이유가 여기에 있습니다.

이런 재앙을 일으킨 주요 원인이 바로 지구 온난화입니다. 온난화로 히말라야 산맥의 만년설과 빙하가 녹아내리면서 방글라데시로 쏟아져 들어오는 물의 양이 급격하게 늘어난 겁니다. 온난화로 방글라데시 남쪽의 바닷물 수위가 계속 높아져서 농사지을 수 있는 땅이 갈수록 줄어들고 토양이 오염되는 것도 큰 문제입니다. 최근 해마다 경작지가 1퍼센트씩 물에 잠겨 사라지고 있다지요. 남아 있는 땅도 바닷물의 소금기로 오염돼 농사짓기가 힘들어지고 있고요.

방글라데시가 오늘날 세계 10위권에 드는 새우 수출국이 된 배경이 바로 여기에 있습니다. 농사를 지을 수 없게 된 수많은 논이 그만 새우 양식장으로 바뀐 겁니다. 하지만 그렇다고 해서 농부들 형편이 나아지는 건 아닙니다. 새우 양식장을 운영하는 사람은 극소수 논 주인들입니다. 땅을 빌려서 농사짓던 대부분 농부들은 오히려 살던 곳을 떠나 도시 빈민촌을 떠돌게 되는 경우가 많지요. 새우

양식에는 일손이 별로 필요하지 않으니까요. 결국, 이들은 지구 온난화라는 환경 재앙이 만들어 낸 '환경 난민'**이라고 할 수 있습니다. 그럼에도 가난한 방글라데시는 돈이 없어서 온난화 피해가 아무리 커도 제대로 대처하기 어렵습니다. 또 방글라데시 강물의 90퍼센트 이상이 인도와 네팔 같은 외국에서 들어오니 손을 쓸 방도를 찾기가 더욱 어렵습니다.

이처럼 오늘날 지구 온난화는 세계 곳곳에서 자연뿐만 아니라 사람의 삶과 생존 또한 심각하게 파괴하고 있습니다. 사람이 기후 시스템을 망가뜨리고 그렇게 망가진 기후가 사람을 다시 괴롭히는 악순환이 계속되고 있는 거지요.

** **환경** 난민 가운데서도 기후변화로 생존을 위협받아 할 수 없이 삶의 터전을 떠나는 사람을 '기후 난민'이라 부른다. 투발루, 키리바시, 방글라데시 사람들이 대표 사례라고 할 수 있다. 현재 투발루와 키리바시 정부는 국민 이주 사업을 추진하고 있으며, 유엔의 기후변화 관련 국제기구는 바닷물 상승으로 방글라데시에서 2050년까지 전체 인구 1억 6000만여 명 가운데 2000만 명에 이르는 기후 난민이 발생할 것으로 예측하고 있다. 세계 전체로는 2억 5000만 명의 기후 난민이 발생할 것으로 전망된다. 이미 전쟁보다 환경 파괴나 기후변화로 이주하는 사람이 더 많아진 게 최근 현실이다.

아프리카의 빈곤과 지구 온난화

아프리카가 극심한 빈곤에서 헤어나지 못하는 배경에는 서구 강대국들의 제국주의 침략과 식민 지배, 독재와 권력층의 부정부패, 종교 및 종족 갈등, 석유 등 자원을 둘러싼 다툼 등 여러 가지 요인이 얽혀 있다. 여기에 요즘은 지구 온난화도 한몫하고 있다.

대표적인 곳이 사헬 지역이다. 사헬은 아프리카 사하라 사막 남쪽 가장자리에 동서로 길게 뻗은 띠 모양의 지역을 일컫는 말이다. 건조한 사막지대에서 아래쪽의 적도 부근 열대지대로 옮아 가는 중간지대로서, 강수량의 변화가 심하고 가뭄이 잘 든다. 이곳 사람들은 넓게 펼쳐진 초원에서 유목생활을 하거나 강을 따라 살면서 농사를 짓는다. 그런데 최근 30년 사이에 안 그래도 가뭄이 잦은 이 지역 강수량이 평균 30퍼센트나 줄었다고 한다. 비가 오지 않으니 사막이 점점 넓어지고 기후는 더욱 건조해질 수밖에 없다. 그 결과 갈수록 초원이 사라지고 유목민은 가축을 키우기 어렵게 된다.

이렇게 된 중요한 원인 가운데 하나가 지구 온난화다. 사헬 지역은 적도에 가깝다. 그래서 땅에서 뿜어져 나오는 공기가 뜨겁게 데워져서 위로 활발하게 올라가게 된다. 그렇게 공기가 상승해서 엉성해지면 주변에 있는 차갑고 밀도가 큰 공기가 밀고 들어오게 된다. 이 공기가 서쪽 대서양의 습기를 가득 품고 있는 덕택에 수증기가 공급되고, 이 수증기가 위로 올라가면서 구름을 만들어 내 비를 내리게 된다. 그런데 최근 지구 온난화 탓에 대서양의 바닷물 온도가 높아지면서 공기 밀도가 낮아졌고, 그 결과 습기를 머금은 공기가 사헬 지역으로 들어오지 못하게 되었다. 비가 덜 내리게 된 것은 당연한 결과다. 아울러 이곳저곳 떠돌아다녀야 하는 힘든 유목 생활을 그만두고 한곳에 정착해서 농사 짓는 사람이 늘어나면서 땅과 숲도 이전에 비해 더 심하게 망가지고 있다. 사헬 지역 사례는 지구 온난화가 사막화를 어떻게 일으키는지, 그리고 그런 환경 변화가 지역 주민의 삶을 어떻게 바꾸는지를 잘 보여 준다.

지구 온난화, 해결할 수 있을까?

2장

1. 지구 온난화는 왜 일어날까?

지구를 덮는 담요, 온실가스

그럼, 지구 온난화는 왜 일어나는 걸까요? 잘 알다시피 지구 온난화란 사람들이 산업 활동이나 일상생활을 하면서 배출하는 이산화탄소 같은 온실가스 탓에 지구 기온이 올라가서 더워지는 것을 말합니다. 즉, 온난화의 주범은 온실가스이며, 이 온실가스는 공장에서 물건을 만들거나, 자동차를 타고 다니거나, 전기를 생산하는 것과 같이 사람이 여러 가지 활동을 할 때 많이 나온다는 거지요.

온실가스란 온실 효과를 일으키는 기체를 말합니다. 이산화탄소, 메탄, 아산화질소 등이 대표적이지요. 이산화탄소는 인간 활동으로 배출되는 전체 온실가스의 70퍼센트 이상을 차지합니다. 주로 석유, 석탄, 천연가스 같은 화석연료*를 사용할 때 나오지요. 메탄은 15~20퍼센트를 차지하는데, 주로 농업, 축산, 쓰레기 매립과 처리 과정 등에서 나옵니다. 아산화질소는 농업에 사용되는 비료 등에서 나오는데, 전체 온실가스의 10퍼센트 정도를 차지하고요. 물론 전체 온실가스 가운데 각각의 온실가스가 차지하는 비중은 대략의 추정치일 뿐 정확한 것은 아닙니다.

이렇게 배출된 온실가스는 지구 둘레에 일종의 막 비슷한 걸 형성하게 됩니다. 이 탓에 지구에서 발생한 열이 잘 빠져나가지 못하게 되지요. 그러니까, 지구 표면에 부딪힌 햇빛이 이 온실가스 층에 가로막혀 대기권 밖으로 나가지 못하고 다시 지구 표면으로 반사돼 지구를 더워지게 만든다는 얘기입니다. 이것이 바로 '온실 효과'**입니다.

온실가스가 많이 나오는 것은 인간의 에너지 사용과 깊은 관계를 맺고 있습니다. 사람은 어떤 활동을 할 때 반드시 에너지를 사용합

* 아주 오래전 지질시대에 동식물이 죽어 지각 변동으로 땅속에 파묻힌 뒤 수백만 년에서 수억 년 동안 높은 열과 압력을 받으며 분해되는 과정에서 만들어진 연료를 말한다. 화석과 비슷한 과정을 거쳐 만들어졌고, 화석처럼 오랫동안 지층 속에 묻혀 있다가 오늘날 연료로 쓰이기 때문에 '화석연료(fossil fuel)'란 이름이 붙었다. 석유, 석탄, 천연가스 등이 대표적이다.

니다. 이 에너지를 만들어 내는 게 바로 석유, 석탄, 천연가스 같은 화석연료지요. 그러니까, 사람들이 경제를 성장시키고 편리하고 안락한 생활을 하려고 화석연료로 만든 에너지를 지나치게 많이 쓰는 게 온난화의 가장 큰 원인이라고 할 수 있습니다. 이를테면 온실가스의 대표 격인 이산화탄소의 4분의3이 인간이 사용하는 화석연료에서 발생하지요. 아울러 세계적으로 인구가 계속 늘고, 개발을 위해 숲을 마구 베어 내며, 육식 중심의 먹거리 문화가 퍼지면서 가축을 너무 많이 기르고, 세계화 바람을 타고 나라 사이에 무역량이 날로 늘어나는 것 등도 온실가스 배출을 부추기는 중요한 원인들입니다.

담요가 자꾸 두꺼워지는 까닭

물론 온난화가 일으키는 기후변화는 과거부터도 쭉 있었습니다. 40억 년이 넘는 기나긴 지구 역사에서 기후는 때때로 더워지기도 하고 추워지기도 하고 그랬지요. 지구는 오랜 세월 동안 언제나 새

** **온실 효과는** 본래 자연적으로도 존재한다. 지구를 보호막처럼 감싸고 있는 대기권에는 산소 말고도 이산화탄소와 메탄 같은 온실가스도 포함돼 있다. 자연 속에 본래 존재하는 이런 온실가스는 양은 아주 적다. 하지만 이런 자연적인 온실 효과가 없다면 지구 기온이 급격히 떨어져서 사람을 포함한 생명체가 살기 힘들 것이다. 문제는 이런 온실가스가 인간 활동으로 인해 아주 짧은 기간에 너무나 빠르게 인위적으로 늘어나고 있다는 점이다. 그 결과가 바로 지구 온난화다. 결국, 자연적으로 존재하는 온실가스는 고맙고 소중한 것인 데 반해, 인간이 대량으로 배출하는 온실가스는 재앙인 셈이다.

로운 기후 조건과 부딪혔고, 거기에 적응해 왔습니다. 그렇다면 오늘날 지구 온난화가 커다란 논란거리가 되는 이유는 뭘까요?

지구 전체 차원에서 산업화가 본격적으로 이루어지기 이전, 그러니까 대체로 19세기 정도까지 기후변화는 대부분 자연 활동의 결과였습니다. 이에 견주어 오늘날 온난화를 일으키는 가장 큰 요인은 자연이 아닌 인간 활동입니다. 그리고 온난화의 속도가 옛날에 비해 아주 빨라졌습니다. 이는 산업혁명*** 이후 불과 200여 년 사이에 급속도로 산업화가 이루어지면서 경제 규모가 커지고 사람들의 생활수준이 높아진 탓에 에너지와 화석연료 사용이 엄청나게 늘었기 때문입니다. 바로 이 두 가지가 핵심입니다. 즉, 지금의 온난화는 인간 활동의 결과이며 진행 속도가 매우 빠르다는 것이 이전의 자연적인 기후변화와 결정적으로 다른 점입니다.

기후변화 분야에서 세계 최고 권위를 자랑하는 '기후변화에 관한 정부 간 협의체(IPCC)'****라는 기구에서 펴내는 보고서는 이런 사실을 정확하게 지적하고 있습니다. 이 기구는 가장 최근에 발표한 5차 보고서(2014년)에서, 지구 온난화의 주범이 온실가스를 배출하는 인간 활동일 가능성을 설명하면서 '가능성이 극히 높다'라는 표현

*** **산업혁명이란** 18세기 중후반 영국에서 시작되어 유럽에서 약 100년 동안 진행된 기술 혁신과, 이를 통해 일어난 경제와 사회의 구조적이고도 거대한 변화를 말한다. 공장제 기계공업으로 물건을 대량으로 생산하는 공업화를 이룬 게 핵심 내용이다. 이후 20세기를 거치면서 세계 전체로 확산되었고, 이를 통해 오늘날 자본주의 경제체제가 확립되었다.

을 쓰고 있습니다. 영어로 'extremely likely'인 이 표현은 가능성이 95~100퍼센트일 때 사용합니다. 이에 견주어 2007년에 나온 4차 보고서에서는 가능성이 90퍼센트 이상임을 뜻하는 '가능성이 매우 높다(very likely)', 2001년에 나온 3차 보고서에서는 가능성이 66퍼센트 이상임을 나타내는 '가능성이 높다(likely)'라는 표현이 쓰였지요. 요컨대, 연구 성과가 쌓일수록 지구 온난화가 자연 현상이 아니라 인간 활동이 일으키는 인위적 재앙이라는 사실이 더욱 명확하게 밝혀졌다는 얘기입니다.

'최후의 방어선' 2도를 지키자

자 그럼, 지구는 그동안 얼마나 더워졌을까요? IPCC 5차 보고서에 따르면 지난 133년 동안(1880~2012년) 지구 평균 기온은 0.85도 상승했습니다. 앞으로는 어떻게 될까요? 이 보고서는 지금과 같은 추세로 온실가스를 계속 배출한다고 가정할 때, 21세기 말의 지구 평

**** IPCC(Intergovernmental Panel on Climate Change)는 세계기상기구(WMO)와 유엔환경계획(UNEP)이 1988년 기후변화 문제에 공동으로 대처하기 위해 설립한 국제기구로, 전 세계 195개 나라가 회원국으로 참여하고 있다. IPCC는 1990년 이후 5~6년 간격으로 펴내는 방대한 보고서로 특히 유명하다. 전 세계 수많은 전문가가 참여한 가운데 엄격한 절차를 거쳐서 만들어지는 이 보고서는 세계적으로 특별한 권위와 영향력을 지니고 있다. IPCC는 지구 온난화를 막는 데 기여한 공로를 인정받아 2007년에 노벨 평화상을 받았다.

균 기온은 1986~2005년의 지구 평균 기온에 비해 3.7도 더 오르고 바닷물 수위는 평균 63센티미터 높아질 거라고 예상했습니다. 최악의 경우에는 기온은 4.8도, 해수면은 82센티미터까지 상승할 것이라고 전망했고요. 나아가 이 보고서는 지금 당장 인류가 온실가스 배출을 완전히 멈춘다 해도 지구의 기후변화는 수백 년이나 더 지속될 것이라고 강조했습니다.

우리나라는 상황이 더욱 심각합니다. 환경부와 기상청이 2020년에 공동으로 발간한《한국 기후변화 평가보고서 2020》에 따르면 우리나라의 평균 기온은 1912~2017년 사이 약 1.8도 상승했습니다. 최근 100여 년 동안의 기온 상승 폭이 세계 평균의 두 배가 넘지요. 이는 우리나라가 세계에서 유례를 찾아보기 힘들 정도로 급속한 산업화와 경제성장을 이루면서 에너지를 엄청나게 많이 사용한 탓입니다.

전문가들의 예상대로라면 21세기 후반(2071~2100년)에는 남한의 대부분 지역과 북한 황해도 연안의 기후는 아열대 기후로 바뀝니다. 이에 따라 21세기 후반 평양의 연평균 기온은 현재 우리나라의 최남단 도시인 제주도 서귀포의 연평균 기온인 16.6도와 비슷해지게 됩니다. 폭염과 열대야 현상도 훨씬 더 심각해진다고 합니다. 방금 언급한 보고서에서는 연평균 폭염 일수가 지금의 10.1일에서 21세기 후반에는 35.5일로 껑충 뛸 거라고 예측하고 있지요. 집중호우나 태풍 같은 극단적인 기후 현상이 늘어나리라는 건 두말할 필요도 없고요. 또 이 보고서는 지금 추세대로 온실가스가 계속 배출된다면 21세기 말에 벼 생산량이 25퍼센트 이상이나 줄어들고, 사과는 재배할 곳이 없어지며, 지금은 제주도에서 많이 나는 감귤은 강원도 지역까지도 재배가 가능하리라고 예상하고 있습니다. 온도 상승에 따라 동물이나 음식을 매개로 한 감염병도 늘어날 거고요.*****

혹시 이렇게 생각할지도 모르겠습니다. 뭐 고작 그 정도의 온도 변화 가지고 그렇게 호들갑을 떠느냐고 말입니다. 하지만 자연이란 그렇지 않습니다. 복잡하고 정교한 시스템으로 이루어져 있는 자연은 본래 아주 민감해서 이 정도의 온도 변화만으로도 아주 큰 영향을 받기 마련입니다. 지구의 오늘날 평균 기온과 수만 년 전 빙하기 때 평균 기온의 차이가 불과 5도밖에 안 된다는 사실이 이를 잘 보여 주지요.

특히 주목할 온도는 2도입니다. 지구 온도가 2도 오르면 지금보다 더욱 엄청난 재앙이 닥치리라는 게 많은 전문가들의 공통된 예측이니까요. 이를테면 세계적으로 물 공급이 30퍼센트나 줄어들고, 농작물 생산량이 크게 감소하며, 세계 동식물의 20~30퍼센트가 멸종 위기에 몰리고, 전염병이 판치게 된다는 겁니다. 지난 2010년에 190개 나라 대표들이 모여 이번 세기 말까지 지구 기온 상승 폭을

***** 이에 비해 세계은행이라는 국제경제기구는 지금처럼 온실가스를 계속 배출한다면 30년 뒤엔 2도, 2060년엔 4도, 이번 세기 말에는 6도 이상 상승하리라고 예상한다.

산업화 이전 대비 2도 이내로 하자고 합의한 것도 이 때문입니다. 여기에는 지구 온도가 2도 이상 올라가면 그땐 무슨 수를 써도 기후변화를 돌이킬 수 없으리라는 절박한 위기의식이 깔려 있습니다. 이 지구와 인류 미래를 지키기 위한 '최후의 방어선'이 2도라는 거지요. 개인이든 나라든 지구 온난화를 막기 위해 긴급하게 행동에 나서야 할 이유가 여기에 있습니다.

2. 지구 온난화의 재앙

위기와 혼돈을 일으키는 주범

아닌 게 아니라 온난화 탓에 오늘날 지구 곳곳은 갖가지 몸살을 호되게 앓고 있습니다. 앞에서 살펴보았듯이 자연 생태계의 질서와 안정이 깨지면서 많은 동식물이 멸종 위기에 빠지기도 하고, 바닷물 수위가 높아져서 섬나라들이 바닷속으로 가라앉기도 합니다. 바닷가 낮은 지역에 사는 사람들의 피해도 커지고 있고요. 또 가뭄, 홍수, 태풍, 폭설과 폭우 등 기상 이변이 갈수록 더 강력해지고 잦아지고 예측 불가능해지고 있습니다. 그 결과 식량 생산은 줄어드는 반면에, 자연 재해로 인한 피해는 크게 늘고 있지요. 바닷물 온도가 올라가고 산성화되는 바람에 물고기를 비롯한 수많은 바다 생물도 커다란 위험에 빠져들고 있고요. 이에 따라 오늘날 세계 각지의 농업과 어업은 큰 피해를 보고 있습니다.

뿐만 아니라 사막은 늘어나는 반면에 숲은 줄어들고 있습니다. 말라리아나 뎅기열같이 특정 지역에서만 발생하던 질병이 다른 곳으로 퍼져 나가고 있고, 새로운 질병도 자꾸 생겨나고 있지요. 알레르기를 일으키는 식물들이 갈수록 넓은 지역으로 퍼지면서 천식으로 고생하는 사람이 늘고 있는 것도 비슷한 사례라고 할 수 있습니다.

세계 평균보다 두 배나 더 빨리 기온이 높아지고 있는 우리나라는 정도가 더 심합니다. 우리나라는 본래 사계절이 뚜렷한 온대 기후 지역임에도 언제부턴가 봄과 가을이 아주 짧아지고 있습니다. 바다의 물고기 지도도 바뀌고 있습니다. 대표적으로, 이전에 동해에서 가장 많이 잡히던 명태가 지금은 거의 사라졌습니다. 찬물을 좋아하는 명태나 대구는 사라지는 반면에 더운 물을 좋아하는 오징어, 멸치, 고등어 등은 훨씬 많아졌지요. 농작물 재배 지역도 크게 바뀌고 있습니다. 사과, 포도 같은 과일 재배 지역이 더욱 북쪽으로 올라가고, 이전에는 볼 수 없었던 열대 과일 재배가 늘어나고 있지요.

참고로, 겨울에 추위가 더 심해지고 눈도 더 많이 내리는 것을 두고 지구가 더워진다면서 왜 이런 일이 일어나느냐고 묻는 사람들이 가끔 있습니다. 결론부터 말하면 이 또한 지구 온난화가 일으키는 현상이라고 할 수 있습니다. 북극 아래쪽 하늘에는 제트 기류라는 특이한 바람이 붑니다. 이 기류 때문에 북극의 차가운 공기는 남쪽으로 내려오지 못한 채 북극에서만 돌아다닙니다. 제트 기류가 지구 상공을 빙글빙글 빠르게 돌면서 북극의 찬 공기를 가두어 두는 구실을 하는 거지요. 그러므로 이 제트 기류가 약해지면 북극에 머물던 차가운 공기가 제트 기류를 밀어내면서 남쪽으로 내려오게 됩니다. 제트 기류를 약하게 만드는 게 바로 지구 온난화입니다. 그러니까, 온난화로 북극 기온이 올라가면 제트 기류의 회전 속도가 느려지고 힘도 약해져서 북극의 찬 공기를 가두어 둘 수 없게 된다는 얘기입니다. 이렇게 해서 북극의 차가운 공기가 중위도 지역에 위치한 우리나라까지 불어 내려오게 되는 거지요.

지구 온난화는 자연 생태계와 인간 생활 전체를 거대한 소용돌이로 몰아넣고 있습니다. 미치는 영향이 특정한 곳이나 때, 일부 대상으로 국한되는 것도 아닙니다. 지구 전체와 모든 생명체들이 어쩌면 돌이킬 수 없을지도 모를 깊은 위기와 혼돈의 늪으로 빠져들고 있습니다. 지구 온난화가 오늘날 환경 문제의 대명사로 꼽히는 까닭입니다.

지구 온난화의 '현장 교과서', 북극

메탄이라는 온실가스는 배출량만 따지면 이산화탄소보다 훨씬 적지만 이것이 일으키는 온실 효과는 이산화탄소의 20배를 훌쩍 넘을 정도로 아주 강력하다. 이 메탄이 북극 주변의 이른바 '영구 동토층'에서 대량으로 발생할 가능성이 높아지고 있다. 영구 동토층이란 땅 밑 온도가 1년 내내 0도 이하로서 일반적으로 늘 얼어 있는 토양을 말한다. 러시아의 시베리아 동부, 캐나다 북부, 알래스카, 그린란드 등이 대표적이다. 최근 지구 온난화로 이 영구 동토층이 녹으면서 메탄이 빠져나오기 시작했다고 한다. 영구 동토가 녹으면 그 속에 들어 있는 동식물 사체와 같은 다양한 유기물이 부패하게 된다. 그 과정에서 이산화탄소는 물론 메탄이 대량으로 발생하는 것이다. 북반

최근 지구 온난화로 북극 지방의 얼음이 빠르게 줄어들면서 50년쯤 뒤에는 북극곰의 3분의1이 사라질 거라는 전망도 많다.

구에 드넓게 펼쳐진 영구 동토층에서 이처럼 온실 효과가 강력한 메탄이 뿜어져 나오기 시작하면 온난화는 걷잡을 수 없는 파국적인 단계로 치달을 위험이 크다는 지적이 높다.

북극을 비롯한 극지방은 기후변화의 잣대라고 할 수 있다. 얼음과 눈으로 뒤덮인 극지방은 특히 내리쬐는 태양 빛을 대거 반사시킴으로써 지구 기온을 조절하는 데 큰 구실을 해 왔다. 그러니 온난화 탓에 극지방의 얼음과 눈이 녹아내리면 지구 온도가 훨씬 더 빨리 높아질 수밖에 없다. 북극의 대표 동물인 북극곰이 멸종 위기로 내몰리는 것도 이 때문이다. 먹이 사냥, 이동, 짝짓기와 번식 등을 모두 얼음 위에서 하는 북극곰은 최근 온난화로 얼음이 빠르게 줄어들면서 20~30년 전에 비해 몸무게가 평균 10퍼센트가량 줄어들었고, 개체 수도 4분의1 정도가 줄어들었다고 한다. 50년쯤 뒤에는 북극곰의 3분의1이 사라질 거라는 전망도 많다.

한편, 최근 들어 러시아를 중심으로 북극 주변 여러 나라가 북극을 둘러싼 영유권 다툼에 본격적으로 뛰어들고 있다. 북극 일대에는 석유와 천연가스가 많이 묻혀 있다. 또 북극 바다를 이용해 배로 화물을 실어 나르면 운송 거리를 줄일 수 있어서 운송비를 아낄 수 있다. 북극 일대에서 자기 나라 영토를 넓힐수록 많은 이득을 얻을 수 있는 것이다. 이전에는 얼음으로 뒤덮여 있었던 탓에 자원을 개발하거나 배를 운항할 엄두를 내지 못했다. 그러다 온난화로 북극 얼음이 줄어들자 이런 일이 벌어지게 된 것이다. 이래저래 북극은 지구 온난화의 '현장 교과서'라 할 만하다.

3. 지구 온난화를 막으려면?

온난화의 원인과 책임은 어디에?

지구 온난화는 말 그대로 지구 전체 문제입니다. 그래서 국제사회에서는 지구 온난화에 대응하려는 지구적인 노력의 하나로 수많은 나라가 참여한 가운데 협상을 벌였습니다. 이것의 대표적인 성과가 '교토의정서'와 '파리 기후변화 협약'의 체결입니다. 1997년 12월 채택되고 2005년에 공식 발효된 교토의정서의 핵심 내용은 미국과 일본, 그리고 유럽 여러 나라를 비롯해 온실가스를 많이 배출한 38개 선진국들이 2008년에서 2012년 사이에 의무적으로 온실가스 배출량을 1990년 대비 5.2퍼센트 줄인다는 것이었습니다. 이 의정서를 채택한 회의가 열린 곳이 일본의 교토라는 도시여서 이런 이름이 붙었지요. 하지만 세계에서 온실가스를 가장 많이 배출해 온 미국은 자기들 경제에 너무 손해라면서 여기에 참여하지 않았습니다. 또 여러 나라 사이에 복잡하게 얽혀 있는 이해관계도 제대로 조정되지 못했기 때문에 별다른 효과를 거두지 못했습니다.

그래서 사람들은 이에 대한 보완책으로 2015년 프랑스 파리에 모여 파리 기후변화 협약을 새롭게 체결합니다. 여기서는 전 세계 모든 나라가 온실가스 줄이기에 참여해 지구 온도의 상승 폭을 21세기 말까지 산업화 이전 대비 2도 훨씬 아래로 억제하고 최소한 1.5도를 넘지 않도록 노력한다는 국제적 합의가 이루어졌습니다.

이 협약에서 '2도'를 특별히 강조한 것은, 2도가 '기후 파국'이라는 재앙을 막을 수 있는 마지막 저지선이기 때문입니다.

하지만 '1.5도'의 중요성을 별도로 밝힌 데서도 알 수 있는 것처럼 사실상의 온도 상승 제한 목표를 '1.5도 이하'로 제시했다는 것이 다수의 의견입니다. 이는 지금도 진행되는 기후변화의 양상이 그만큼 심각하고 절박하다는 사실을 일깨워 줍니다. 실제로 최근에는 2도보다 1.5도가 훨씬 더 중시되고 있지요.

파리 협약은 기후 위기를 극복할 새로운 '희망의 등불'이 될 수 있을까요? 이전에 비하면 기대가 커진 건 사실입니다. 하지만 다른 한편으로는 이 협약의 전망 또한 그리 밝지 않은 것이 현실입니다. 협약은 각 나라가 온실가스 감축 방안을 제출하는 것을 '의무 사항'으로 규정했습니다. 하지만 그 방안의 실제 이행은 의무 사항으로 못 박지 못했습니다. 그렇게 하도록 '노력'하기로 하는 데서 그쳤지요. 한마디로 각 나라가 알아서 목표를 세우고 알아서 실천하기로 했다는 얘깁니다. 이는 곧 목표 달성에 필요한 강제적이고 법적인 구속력은 없다는 뜻입니다. 파리 협약에 대해 결국 말잔치나 '종이호랑이'에 지나지 않는다는 냉소적인 평가가 나오는 까닭입니다. 게다가 미국은 교토의정서 때와 마찬가지로 파리 협약에서도 제멋대로 탈퇴하고 말았습니다. 미국만 골칫거리일까요? 아닙니다. 적지 않은 나라가 겉으로 내세우는 말과는 달리 실제로는 자기들 이해관계에 따라 온실가스를 줄이는 일에 미적거리고 있습니다.******

특히 선진국과 개발도상국 사이에 의견이 크게 부딪히는 게 심각한 문제입니다. 잘 알다시피 온실가스 대부분을 배출한 것은 산업화를 먼저 이룬 선진국들입니다. 이들은 그간 산업과 경제를 발전시키고 생활의 풍요를 누리는 과정에서 엄청난 양의 온실가스를 뿜어냈지요. 지금도 마찬가지고요. 반면에 개도국들은 이제 좀 잘살아 보겠다고 막 산업화의 길을 걷기 시작한 나라들입니다.

이런 상황에서 선진국들이 온난화는 지구 전체의 문제이니 모든 나라가 함께 온실가스를 줄이자고 주장하면 개도국 입장에서는 어떤 마음이 들까요? 이제껏 온실가스를 내뿜어 지구를 망가뜨린 게 누군데 이제 와서 좀 잘살아 보려는 자신들에게까지 책임을 뒤집어씌우느냐고 반발하지 않을까요? 개도국들의 이런 주장은 분명 일리가 있습니다.

선진국부터 행동에 나서라!

그런데 온실가스를 배출한 책임만 문제가 되는 게 아닙니다. 지

****** 현재 세계 각 나라의 이산화탄소 배출량 순위를 살펴보면 급속한 경제 성장을 계속하고 있는 인구 14억의 중국이 1위로 가장 많고, 미국, 러시아, 인도, 일본, 독일, 이란, 한국, 캐나다, 사우디아라비아 순으로 그 뒤를 잇고 있다. 이 순위는 해마다 조금씩 바뀔 수 있는데 어떻든 우리나라는 세계 8위 안팎의 이산화탄소 배출국이며, 1인당 배출량 또한 몇 손가락 안에 꼽힐 정도로 아주 많다. 특히 우리나라 온실가스 배출량은 최근 20여 년 동안 100퍼센트 이상 늘었다. 이는 세계에서 가장 높은 증가율에 속한다.

구 온난화로 가장 크고 직접적인 피해를 보는 것이 가난한 나라의 가난한 사람들이라는 것도 결코 지나칠 수 없는 큰 문제입니다. 왜냐하면 이들은 누구보다도 자연과 직접 연결되고, 자연의 영향을 크게 받으며, 자연에 깊이 의존하면서 살아가기 때문이지요. 좀 전에 살펴본 투발루와 방글라데시 사례가 대표적입니다.

사실, 농사짓고 물고기 잡는 사람이 대다수인 인구 1만의 투발루가 온실가스를 얼마나 배출할까요? 아마 거의 없다고 해도 되겠지요. 그런데도 온난화의 가장 크고 직접적인 피해는 투발루에게 돌아오고 있습니다. 방글라데시도 다르지 않습니다. 이 나라 사람들은 이렇게 말한다고 합니다. "우리한테 무슨 죄가 있죠? 지구 온난화를 일으킨 건 잘사는 선진국들인데, 그 피해는 왜 가난한 우리가 몽땅 뒤집어써야 합니까."

지구 온난화 문제를 제대로 해결하려면 선진국이 훨씬 큰 책임과 의무를 져야 하는 이유가 여기에 있습니다. 이건 아주 중요한 얘기입니다. 온실가스 배출을 줄이려면, 또 기후변화가 일으키는 갖가지 피해와 문제에 대응하려면 막대한 돈과 노력, 그리고 기술이 필요합니다. 이런 걸 제대로 갖추고 있는 게 선진국들이니 이들이 어떻게 하느냐가 중요할 수밖에 없지요. 하지만 그렇다고는 해도 개도국이나 가난한 나라들이 지금의 선진국들처럼 온실가스를 마구 배출하다가는 지구의 미래가 더욱 위험해지리라는 것 또한 사실이 잖아요? 그래서 선진국부터 자기들 책임에 걸맞게 온실가스 배출을 먼저 줄이되, 개도국들도 이에 점차 동참하고 선진국은 이들에게 기술과 자금을 지원해 이런 노력을 돕는 게 현명한 방향입니다.

더 근본적으로는 온실가스를 끝도 없이 대량으로 배출하게 만드는 지금의 사회경제 시스템과 현대 문명의 생활방식 자체를 바꾸어야 합니다. 아울러 각 개인이 자기 생활에서 구체적인 행동으로 온실가스 배출을 줄이는 것도 중요하고요. 경제성장과 개발, 돈과 소비와 소유를 우상처럼 떠받드는 지금의 체제, 문화, 가치관을 그대로 두고서는 지구 온난화의 재앙을 피할 수 없을 것입니다.

거대 지구공학이 해결책이 될 수 있을까?

과학자들은 지구 온도를 낮추고 대기 중 온실가스를 줄일 수 있는 여러 기술적 방안을 궁리해 왔다. 그 가운데 가장 도드라지는 것은 지구의 기후 시스템에 대한 거대한 기술공학적 개입이다. '지구공학' 또는 '기후공학'이라 불린다. 여기엔 크게 두 가지 방법이 있다. 하나는 지구로 오는 태양 빛을 막거나 반사시켜 지구 온도를 낮추는 것이다. 다른 하나는 자연의 이산화탄소 흡수 작용을 인공적으로 활발하게 만들거나 별도의 기술적 장치를 이용해 이산화탄소를 없앰으로써 대기 중 온실가스 농도를 낮추는 것이다. 이 두 가지 방법에는 공통점이 있다. 첨단 공학 기술과 막대한 자본을 동원해 지구 생태계와 기후의 특성을 대규모로 조작한다는 게 그것이다.

예를 들어, 햇빛을 반사하는 대표적인 방법으로는 비행기, 로켓, 대포, 풍선 등을 이용해 대기 중 일정 공간에 이산화황 같은 미세입자를 대량으로 살포하자는 아이디어를 꼽을 수 있다. 그렇게 퍼져 나간 입자들이 지구로 내리쬐는 햇빛을 반사함으로써 지구 온도를 낮추는 데 효과가 있으리라는 것이다. 이 방안은 대규모 화산 폭발에서 힌트를 얻었다. 1991년에 필리핀 피나투보 화산이 폭발했는데, 그다음 해에 지구 평균 기온은 평소에 비해 섭씨 0.4도, 북반구 평균 기온은 0.5~0.6도가 내려갔다. 폭발 때 뿜어져 나온 엄청난 양의 이산화황 입자가 지구로 내리쬐는 햇빛 일부를 우주로 반사했기 때문이다. 바다 위의 구름을 조작하는 방안도 있다. 바닷물을 뿜어내는 배를 띄워 바람의 힘을 이용해 수분을 하늘로 더 많이 공급하면 구름의 양이 늘어나 햇빛을 막게 될 거라는 아이디어다. 우주 공간에 거대한 반사체를 설치하자, 사막을 햇빛을 잘 반사하는 물질로 뒤덮자, 건물 지붕을 모두 흰색으로 칠하자 등과 같은 제안들도 나오고 있다.

대기 중 이산화탄소를 없애는 방안 가운데 대표적인 건 바다의 식물성 플랑크톤이 성장하는 데 필요한 영양물질을 대량으로 뿌리자는 아이디어다. 그렇게 하면 바다 표면 가까이에서 광합성을 하는 플랑크톤이 아주 빠르게 증식하면서 공기 중 이산화탄소를 대량으로 흡수하리라는 것이다.

이런 시도의 성공 가능성은 얼마나 될까? 아마도 국지적이고 일시적으로는 어느 정도 효험을 볼 수 있을지 모른다. 하지만 지구는 실험실이 아니다. 아주 복잡하고 정교한 관계 속에서 수많은 변수가 작용하는 지구 기후와 생태계를 대상으로 인위적인 거대 실험을 하는 것은 근본적으로 위험하고 무모한 짓이다. 예측하지 못한 중대한 환경 피해나 치명적인 돌발 사태가 얼마든지 벌어질 수 있다. 이를테면 플랑크톤의 대량 번식은 바닷물 산성화나 바다 생태계 붕괴로 이어질 수 있다. 이산화황의 대량 살포는 자외선으로부터 지구 생명체를 지켜 주는 오존층을 파괴할 수 있다. 이산화황이 빗물에 섞여 땅으로 떨어지면 지상 생태계에 피해를 일으킬 가능성도 배제할 수 없다. 햇빛을 반사하는 방안들은 강우량을 감소시켜 식량 생산이나 일상생활에 심각한 문제를 일으킬 것이다. 요컨대 거대 지구공학 기술은 기후변화의 해결책이라기보다는 외려 더 큰 재앙을 낳을 가능성이 높다. 그래서 어떤 이들은 이런 기술을 '금지된 장난'이라 부르기도 한다.

GAS
OIL

3부

바닥나는 지구

에너지 위기와 석유 문명의 종말

1장 저물어 가는 '검은 황금'의 시대

1. 현대 문명의 엔진, 석유

우리가 먹는 건 석유다

혹시 이런 경우를 상상해 본 적이 있나요? 전기가 끊기는 것 말입니다. 만약에 전기가 끊긴다면 어떤 일이 벌어질까요? 그것도 잠깐이 아니라 오랫동안 전기 공급이 중단된다면?

당장 아파트의 엘리베이터가 멈춰 버릴 것입니다. 요즘은 10층, 20층이 넘는 고층 아파트에 사는 사람도 아주 많은데 말입니다. 컴퓨터, 텔레비전, 냉장고 같은 갖가지 가전제품 또한 모조리 쓸모없는 고철 덩어리로 전락할 것입니다. 전철과 같은 교통수단이 멈출

테니 사람들 발도 묶여 버리겠지요. 밤이 되면 온 세상이 깜깜한 어둠으로 뒤덮여 공포와 불안의 도가니에 빠질 것입니다. 운 나쁘게도 이때가 마침 한여름이나 한겨울이라면 어떻게 될까요? 불볕더위에도 에어컨이나 선풍기를 틀 수 없고, 칼바람이 휘몰아치는 매서운 추위에도 난방을 할 수 없다면?

또 하나 물어보겠습니다. 혹시 여러분은 "우리가 먹는 건 석유다."라는 말을 들어 봤나요? 다시 말하면 우리가 어떤 음식을 먹는다는 건 석유를 먹는다는 것과 같은 말이라는 거지요.

자, 다시 한 번 물어보지요. 우리가 먹는 음식은 어떻게 생산되나요? 네, 그렇습니다. 가장 일차적으로는 농업을 통해 갖가지 먹거리와 그 먹거리의 원료가 생산됩니다. 공장에서 만드는 가공식품이 아무리 차고 넘친다 한들, 대다수 먹거리의 뿌리가 농업이라는 건 부정할 수 없지요. 그런데 요즘은 농사를 어떻게 짓나요? 현대 농업은 화학비료와 농약은 물론 트랙터, 콤바인 등과 같은 농기계를 대량으로 사용합니다. 또 대규모로 물을 대야 하고 수확한 농산물은 곳곳으로 실어 날라야 합니다. 특히 요즘은 세계화 시대라 농산물의 이동 범위는 전 세계라 해도 지나친 말이 아니지요. 그런데 농기계도 석유가 있어야 사용할 수 있고, 농약이나 비료도 모두 석유로 만듭니다. 관개와 운송도 석유가 없으면 할 수 없고요.

많은 사람이 즐겨 먹는 쇠고기와 돼지고기도 다르지 않습니다. 가축 사료를 만드는 데 쓰이는 옥수수 같은 곡물은 거의 대부분 석유가 있어야만 돌아가는 기계화된 대규모 농장에서 생산됩니다. 미국 같은 데선 석유를 엄청나게 잡아먹는 비행기로 농약이나 씨앗을 뿌리기도 하지요. 가축을 기르는 축사의 각종 설비나 난방도 석유가 없으면 가동할 수 없습니다. 계절에 관계없이 농사짓는 데 반드시 필요한 비닐하우스 또한 석유가 없으면 존재할 수 없지요. 비닐 자체가 석유로 만드는 화학제품인 데다 비닐하우스의 난방에도 석유가 필요하니까요. 이처럼 지금의 농업은 석유가 없다면 애당초 존재할 수조차 없습니다. 바로 이 때문에 지금의 농업을 '석유 농업'이라 부르고, "우리가 먹는 건 석유다."라는 말까지 나오는 겁니다.

거부할 수 없는 '검은 황금'의 유혹

그렇습니다. 전기나 석유가 없는 세상은 상상할 수도 없습니다. 사실 전기나 석유로 상징되는 에너지는 경제와 사회를 유지시켜 주고 우리의 생활을 가능하게 해 주는 가장 근원적인 동력이라고 할 수 있습니다. 방금 살펴봤듯이 석유, 전기, 가스 같은 것이 없다면 우리 일상생활은 당장 멈춰 버릴 것이고 극심한 혼란과 고통에 휩싸이리라는 건 불을 보듯 빤한 일이지요. 그야말로 에너지는 세상을 움직이는 핵심 엔진일 뿐만 아니라 우리를 편리하고 안전하게 살 수 있게 해 주는 바탕이지요. 나아가 에너지는 문명을 일으키고 발전시켜 온 근본 힘이기도 합니다.

K-OIL

관광과 환락장으로 유명한 미국의 라스베가스 야경.
물질의 풍요는 그만큼 에너지 사용을 부추긴다.

그런데 이제 이전처럼 에너지를 맘껏 쓰기 어려운 때가 빠르게 다가오고 있습니다. 에너지를 만들어 내는 자원이 바닥나고 있고, 그 탓에 에너지를 값싸고 손쉽게 사용하는 게 갈수록 힘들어지고 있으니까요. 이런 상황에서 세계 전체를 보면 경제성장과 산업 발전을 강력하게 추진하는 나라가 갈수록 늘고 있습니다. 특히 아시아, 아프리카, 라틴아메리카를 중심으로 오랫동안 가난에 시달리던 수많은 나라가 경제적으로 풍요로운 서구 선진국처럼 되겠다고 안간힘을 쓰고 있지요. 인구도 계속 늘고 있고요. 여기에다 산업화를 먼저 이루어 물질의 풍요를 누리고 있는 서구 선진국들은 여전히 에너지를 펑펑 써 대고 있습니다. 그러니 에너지는 갈수록 더 많이 필요해지는 데 반해 석유를 비롯한 한정된 자원은 점점 더 고갈될 수밖에 없습니다. 에너지를 만들어 내는 게 바로 석유, 석탄, 천연가스 같은 화석연료 자원이니까요.

이 가운데 가장 큰 문제는 단연 석유입니다. 지금 화석연료는 전 세계에서 사용하는 에너지의 80퍼센트를 차지하는데, 그중에서 월등하게 비율이 높은 게 바로 석유니까요. 세계 에너지 생산량의 3분의1 이상이 석유에서 나오지요. 특히 수송 분야에서는 전체 에너지 소비의 90퍼센트 이상을 차지하고 있습니다. 뿐만 아니라 석유는 플라스틱, 페인트, 의약품, 옷감, 화장품 등 셀 수 없이 많은 생활필수품을 만드는 데에도 반드시 필요합니다. 한마디로 석유 없는 현대생활은 아예 생각도 할 수 없지요. 석유를 '검은 황금'이라 부르고 현대 문명을 석유 문명이라 일컫는 이유가 바로 여기에 있습니다. 다시 말해, 지금 우리가 편리한 생활이나 경제 발전의 혜택을 누릴 수 있는 것은 모두 석유가 풍부하고 값싸게 공급된 덕분이라는 거지요.

자, 그런데 이처럼 중요한 석유가 아주 빠르게 바닥나고 있습니다. 인류가 그동안 석유를 지나치게 흥청망청 써 온 탓이지요. 마치 석유가 아무리 맘껏 써도 무한히 공급될 것처럼 착각하면서 말입니다. 하지만 석유는 매장량에 한계가 있어서 언젠가는 바닥날 수밖에 없습니다. 그 한계가 최근 들어 아주 빠르게 드러나고 있습니다. 전 세계적인 에너지 위기가 들이닥치고 있다는 얘기지요. 이는 곧, 여태껏 '검은 황금'이 베풀어 준 현대 문명의 잔치가 끝나 가고 있음을 뜻합니다.

2. 잔치는 끝났다

배보다 배꼽이 더 커진 석유 생산

이런 상황을 또렷이 보여 주는 게 '석유 생산 정점'이라는 말입니다. 영어로는 '피크 오일(peak oil)' 또는 '오일 피크'라고 부르는 이 말은 석유 생산량이 최대치에 도달하는 시점을 말합니다. 이 시점은 세계 석유의 절반을 뽑아 쓴 시점과 같은 것으로, 이때 이후부터는 석유 생산이 점점 줄어들게 됩니다. 그러다 결국은 석유가 더 나오지 않는 고갈 시점에 이르게 되지요.*

사람에 따라 의견이 다르지만, 이 피크 오일이 이미 지났다는 주장도 있고 20년, 30년 뒤가 될 거라는 주장도 있습니다. 40년 뒤면 석유가 바닥날 거라고 예상하는 전문가들도 더러 있고요. 물론 이런 예측 수치는 딱 들어맞는 게 아닙니다. 석유가 어디에 얼마나 묻혀 있는지를 정확하게 알아내기란 무척 힘든 일이니까요. 하지만 석유가 빠르게 줄어들고 있는 것만은 분명한 사실입니다.

물론 아직 발견되지 않은 석유가 지구 여기저기에 묻혀 있을 가능성은 얼마든지 있습니다. 하지만 그동안 인류가 써 온 석유는 질도 좋고, 채굴 비용도 적게 들고, 큰 기술적 어려움 없이 뽑아 쓸 수 있는 것이었습니다. 이에 견주어 남아 있는 석유 대부분은 북극이라든지 바다나 땅속 깊숙한 곳에 묻혀 있습니다.

문제는 이런 곳에서는 석유를 추출하는 것 자체가 아주 힘들다는 점입니다. 그래서 뽑아낸 뒤에 석유가 지니는 가치보다 석유를 뽑아 올리는 데 더 큰 비용과 자원이 들 때가 많지요. 뿐만 아니라 이

* **피크 오일** 이론은 미국의 석유지질학자 킹 허버트가 1950년대에 미국의 미래 석유 생산량을 예측하려고 고안했다. 여러 유전의 석유 생산 속도를 관측한 결과, 일반적으로 각 유전에서 석유를 생산하는 속도는 급격하게 증가하다가 매장량의 절반을 뽑아 쓴 시점인 최고 정점을 지나면 석유가 고갈될 때까지 급속하게 감소했다. 오늘날 대체로 사실로 확인되고 있는 이 이론은 에너지를 지나치게 낭비하는 경제성장 중심의 현대 산업문명에 따끔한 경고를 보내고 있다.

런 곳의 석유는 질도 떨어져서 필요한 용도로 다시 가공하려면 많은 돈을 또다시 들여야 할 때가 많습니다. 한마디로 배보다 배꼽이 더 큰 경우지요. 물론 새로운 유전을 찾아내는 기술이나 석유를 추출하고 정유하는 기술이 더욱 발전해서 이런 문제들을 해결할 수 있다고 주장하는 사람들도 있습니다. 아마도 어느 정도까지는 해결이 가능하겠지요. 하지만 그런 시도가 한계에 부닥치고 있다는 건 부인하기 어렵습니다.

자료를 보면, 세계적으로 석유 발견량은 1960년대에 가장 많았다가 그 뒤로는 줄곧 줄어들었습니다. 지금은 1960년대 발견량의 10분의1에 불과하지요. 그동안 석유를 찾아내는 기술이 끊임없이 발달했고 석유 탐사 횟수 또한 훨씬 많아졌는데도 그런 겁니다. 그 결과 1980년대 초부터는 석유를 소비하는 양이 새로 발견하는 양을 넘어섰다고 합니다. 그러니까, 기술 개발로 새로운 석유를 찾아내고 이전에는 채굴이 불가능했던 지역에서 석유를 캐낼 수 있게 된다고 해도 석유 생산이 갈수록 줄어들 수밖에 없으리라는 건 명백한 사실인 거지요. 실제로 미국은 1970년대 초, 러시아는 1980년대 말, 유럽 북쪽 지역의 북해 유전은 1990년대 말에 피크 오일을 지나 석유 생산량이 줄어들기 시작했다는 조사 결과가 있습니다.

석유와 관련된 사고가 갈수록 자주 일어나는 것도 이런 석유 고갈 사태와 연결돼 있습니다. 예전에는 돈도 많이 들고 위험하고 수송 거리도 멀어서 거들떠보지 않았던 곳에 묻혀 있는 석유를 개발하다 보니까 사고가 더 자주 일어날 수밖에 없다는 거지요. 대표적인 사례가 지난 2010년 4월 미국 남부 멕시코 만 앞바다에서 터진 초대형 기름 유출 사고입니다.

비극은 바다 밑에 묻혀 있는 석유를 퍼 올리는 시설이 폭발 사고와 함께 부서지면서 시작되었습니다. 바다 밑바닥 깊숙한 곳까지 박아 놓은 석유 파이프가 망가지는 바람에 엄청난 양의 기름이 끝

바다 밑 석유를 퍼 올리는 시설이 폭발하여 초대형 기름 유출 사고가 난 멕시코 만 앞바다. (2010.5)

도 없이 뿜어져 나왔지요. 깊은 바닷속에서 벌어진 일이라 사고가 발생한 뒤 다섯 달이 지나서야 간신히 기름이 새어 나오는 파이프 구멍을 틀어막을 수 있었습니다. 그사이에 근처 바다가 온통 죽음의 폐허로 변하고, 경제적으로도 천문학적인 피해가 발생했다는 건 두말할 필요도 없지요. 폭발 사고로 열 명이 넘는 사람이 죽기까지 했습니다.

당시 뽑아 올리려고 했던 석유는 바다 표면으로부터 무려 5000미터가 넘는 해저 아래 깊숙한 곳에 묻혀 있었습니다. 바다 밑바닥 아래로 수천 미터나 파내려 가야 석유를 구할 수 있었던 거지요. 손쉽게 얻을 수 있는 곳에 석유가 충분히 묻혀 있다면 그렇게 무리해서 위험하기 짝이 없는 바다 깊은 곳까지 개발할 리가 없습니다. 그래서 역사상 가장 큰 기름 유출 사고로 꼽히는 이 사고는 석유가 바닥나고 있다는 상징적 증거라고도 할 수 있습니다.

3. 석유 문명의 그늘

갈등과 분쟁의 불씨, 석유

석유 고갈은 평화를 파괴하는 커다란 원인이 되기도 합니다. 석유가 갈수록 귀해지다 보니 석유를 더 많이 확보하느라 세계 여기저기서 갈등과 분쟁이 벌어지고 있으니까요. 석유는 지구 곳곳에 비교적 골고루 묻혀 있는 석탄과 달리 특정 지역에만 집중적으로 묻혀 있습니다. 미국 외에 중동, 중남미, 중앙아시아, 아프리카, 시베리아 등의 일부 지역이 대표적이지요. 그런데 이런 곳들은 대체로 정치적으로 불안정합니다. 그러니 석유가 분쟁의 씨앗이 될 가능성이 아주 높을 수밖에 없지요.

지난 2003년에 미국이 일으킨 이라크 전쟁이 대표적입니다. 미국은 겉으로는 이라크에 있는 핵무기나 생화학무기를 뜻하는 대량살상무기를 없애려고 전쟁을 일으켰다고 주장했습니다. 하지만 나중에 그게 거짓말이라는 게 들통 났지요. 애당초 이라크에 대량살상무기 같은 건 없었으니까요. 수많은 전문가와 언론은 미국이 이라크를 공격한 가장 큰 이유로 석유를 꼽습니다. 이라크는 석유가 많이 묻혀 있기로 세계에서 몇 손가락 안에 드는 나라입니다. 또한 석유가 대부분 땅 바로 밑에 묻혀 있어서 적은 비용으로 손쉽게 석유를 퍼낼 수 있습니다. 세계에서 석유를 가장 많이 소비하는 미국으로서는 눈독을 들일 수밖에 없지요. 하지만 미국의 석유 욕심 탓에 이라크에서는 수십만 명의 사람이 죽어야만 했습니다.

이라크뿐만이 아닙니다. 아프리카, 라틴아메리카, 아시아 등 세계 곳곳에서 석유를 비롯한 자원을 서로 더 많이 차지하려는 다툼이 벌어지고 있습니다. 특히 아프리카 여러 나라에서 내전이 끊이지 않는 큰 원인도 석유를 비롯한 자원 확보 다툼에 있습니다. 여기에 서구 강대국들이 아프리카에서 이런 자원을 대량으로 캐 가고 있는

** 에너지 불평등은 소비 생활의 불평등에서 아주 또렷하게 드러난다. 이를테면 세계 사람들 가운데 가장 부유한 5분의1이 가장 가난한 5분의1이 가진 부(富)의 무려 150배를 가지고 있다. 또한 세계 사람들 가운데 가장 부유한 5분의1이 지구상에 있는 모든 육류와 어류의 약 절반을 먹어치우는 반면 가장 가난한 5분의1은 불과 5퍼센트만 먹는다. 가장 부유한 5분의1은 세계 모든 종이의 84퍼센트를 사용하고 세계 모든 자동차의 87퍼센트를 가지고 있다. 하지만 가장 가난한 5분의1이 사용하는 종이 양과 가지고 있는 자동차 수는 각각 1퍼센트밖에 안 된다.

탓에 분쟁을 더욱 키우고 있지요. 이렇게 보면 평화를 위해서라도 석유 문명은 바뀌어야 합니다. 19세기 이래 세계 인구는 6배 늘어난 데 반해 에너지 소비는 무려 80배나 늘었습니다. 특히 세계 인구의 20퍼센트도 안 되는 선진국 사람들이 세계 전체 에너지의 80퍼센트를 쓰고 있다는 게 큰 문제입니다.** 결국, 지구 온난화와 같은 환경 위기뿐만 아니라 석유 고갈로 상징되는 에너지 위기에서도 가장 큰 책임은 산업화를 먼저 이루어 물질의 풍요를 한껏 누리는 선진국에 있다고 할 수 있지요.

석유 한 방울 나지 않는 우리나라도 세계에서 에너지를 많이 낭비하는 나라로 손꼽힙니다. 세계적인 석유 고갈과 에너지 위기를 일으키는 책임에서 우리도 전혀 자유롭지 않다는 얘기지요. 에너지 문제에 보다 각별한 관심을 기울여야 하는 까닭입니다.

피로 얼룩진 다이아몬드

시에라리온은 아프리카 서부 대서양 연안에 있는 인구 500만의 작은 나라다. 그런데 이 나라는 평균 수명이 34살로 세계에서 가장 짧고, 갓난아기 사망률은 세계에서 가장 높다. 아이들의 3분의1이 5살 이전에 죽고, 임산부 사망률은 세계 1위다. 인구 대비 장애인 수도 세계 최고다.

어쩌다 이렇게 됐을까? 주범은 다이아몬드다. 시에라리온은 세계 10대 생산국에 들 정도로 다이아몬드가 많이 묻혀 있다. 그런데 이 나라에서 반군과 정부군 사이에 끔찍한 전쟁을 불러일으킨 원흉이 바로 다이아몬드다. 1991년 반군 세력이 이웃나라인 라이베리아의 도움을 받아 가면서 다이아몬드 광산을 점령하기 시작했다. 이후 내전은 10년이나 계속됐다. 전쟁 중에 벌어진 갖가지 만행은 잔인하기로 악명이 높다. 대표 사례가 소년병이다. 수많은 아이와 청소년이 강제로 전쟁터로 끌려갔다. 내전이 벌어진 10년 동안 7만 5000명이

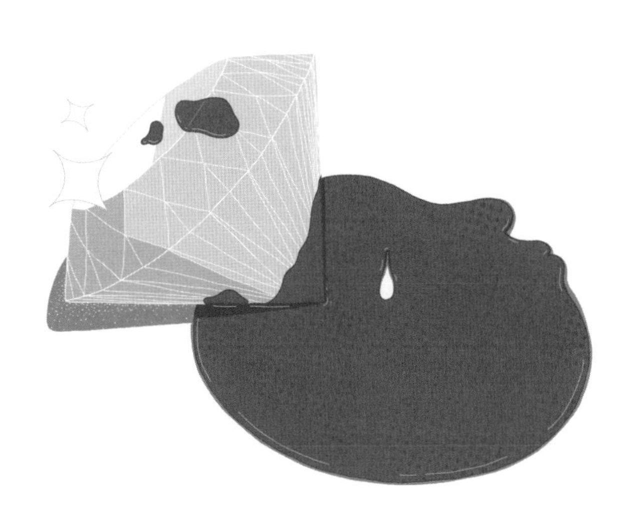

죽었고**(무려 20만 명이 죽었다는 조사 결과도 있다)**, 2만 명의 팔다리가 잘렸다. 집을 잃고 전쟁 난민이 된 사람은 200만 명에 이른다.

이제 내전은 끝났다. 하지만 비극은 여전히 계속되고 있다. 다이아몬드를 팔아서 생기는 막대한 돈의 대부분은 다이아몬드의 생산과 유통을 틀어쥐고 있는 서구 거대 기업, 그리고 이 나라의 부패한 관리와 정치인 주머니로 들어간다. 정작 국민들은 자기 나라 다이아몬드 때문에 엄청난 희생과 고통을 당하는데도 말이다. 그래서 이곳의 다이아몬드는 '피로 얼룩진 다이아몬드(bloody diamond)'라 불린다.

석유도 마찬가지다. 아프리카, 아시아, 라틴아메리카 곳곳에 풍부하게 묻혀 있는 석유가 유럽과 미국 등 서구 강대국과 거대한 석유 에너지 기업들의 먹잇감이 된 지는 이미 오래다. 하지만 석유가 묻혀 있는 지역의 현지 주민은 석유 개발 탓에 오랜 삶터에서 내쫓기고 자연이 제공해 주던 생계 수단을 빼앗기기 일쑤다. 수많은 사례 가운데 한 군데만 살펴보자. 남미 대륙 에콰도르 동쪽에 오리엔테라는 지역이 있다. 광대한 아마존 열대우림의 서쪽 끝자락이다. 셰브론이라는 미국의 거대 석유 기업은 1960년대 후반부터 20여 년 동안 이곳에서 350개가 넘는 유정을 파서 석유를 마구 퍼 올렸다. 그렇게 해서 막대한 돈을 벌어들인 뒤 1992년에 석유 사업을 접고 에콰도르를 떠났다. 남은 것은 폐허였다. 셰브론은 석유를 생산하면서 엄청난 양의 오염물질과 유독한 폐수, 그리고 기름을 쏟아 냈다. 아마존 밀림 곳곳에 구덩이를 파고 정화 처리를 하지도 않은 기름을 내다 버렸다. 염분, 중금속 등과 같은 해로운 물질이 포함된 폐수에 뒤섞여 쏟아져 나온 원유의 양이 본문에서 언급한 멕시코만 기름 유출 사고의 1.5배에 이르렀다. 그 바람에 원주민들의 생계에 직결되는 농사는 엉망진창이 됐다. 가축은 떼죽음을 당했다. 강물과 땅과 숲이 만신창이가 됐다. 암으로 죽는 사람도 숱하게 생겨났다. 최근까지 암으로 사망한 사람이 1400명에 이른다고 한다. 다수의 원주민이 지금까지도 기형아 출산, 유산, 피부질환 등과 같은 고통을 호소하고 있다. 이곳 주민들은 이렇게 얘기한다.

"우리 아이들이 물을 검은색으로 알고 자랄 것 같아 너무 슬프다."

거대 석유 기업은 수많은 사람과 생명체가 깃들어 살아가는 곳을 끔찍한 '죽음의 땅'이자 더러운 '산업 쓰레기장'으로 바꾸어 놓았다. 극소수 거대 기업의 돈벌이 욕심과 서구 강대국의 에너지 자원에 대한 탐욕 탓에 오늘도 지구 곳곳에서는 수많은 현지 주민과 자연이 죽음의 벼랑으로 내몰리고 있다.

죽음의 에너지 원자력발전

2장

1. 죽음과 파괴를 부르는 에너지

석유 문명과 석유 시대의 종말이라 불리는 오늘날 상황에서 어떤 사람들은 원자력발전*을 대안으로 내세웁니다. 이들은 원자력발전이 안전하고, 비용이 적게 들며, 온실가스를 거의 배출하지 않는다고 주장합니다. 무엇보다 에너지를 값싸게 대량으로 공급할 수 있는 가장 맞춤한 방법이 원자력발전이라는 주장을 많이 하지요. 하지만 과연 그럴까요? 결론부터 말하면 이 모든 주장은 틀렸습니다. 좀 심하게 말하면 거짓말이지요. 자 그럼, 이제부터 원자력발전의 실체를 하나하나 들여다볼까요?

* 정확하게 표현하자면 '원자력발전'이 아니라 '핵발전'이 맞는 용어다. 원자력발전은 우라늄이 핵분열을 일으켜 이때 발생하는 엄청난 양의 열에너지를 이용해 전기를 생산하는 기술이다. 핵분열이 전기 생산의 핵심 과정이므로 핵발전이라 불러야 마땅한 것이다. '핵무기'를 '원자력 무기'라 부르지 않는 것도 비슷한 맥락이다. 그럼에도 원자력발전이라는 '괴상한(?)' 용어가 널리 쓰이게 된 배경에는 핵발전이 안고 있는 수많은 문제를 은근슬쩍 숨기고 핵발전을 일반 사람들에게 거부감 없이 받아들이게 하려는 원전 추진 세력의 의도가 깔려 있다. 실제로 핵발전소를 원자력발전소라 부르는 나라는 세계에서 우리나라와 일본뿐이다. 영어 명칭 또한 정확하게 핵발전소를 뜻하는 'Nuclear Power Plant'다. 이 점을 명확히 해 두되, 이 책에서는 편의상 일반적으로 널리 쓰이는 '원자력발전'이라는 용어를 쓰기로 한다.

원전 사고와 방사능의 재앙

먼저 원자력발전이 안고 있는 가장 큰 문제부터 알아보지요. 방사능. 그렇습니다. 원자력발전을 재앙을 부르는 죽음의 에너지라 규정하는 이유는 원자력발전이 방사능이라는 무시무시한 물질을 만들어 내기 때문입니다. 방사능이란 한꺼번에 많이 맞으면 바로 죽기도 하지만, 그렇지 않더라도 오랜 세월에 걸쳐 두고두고 암, 유전병, 심장병 같은 치명적인 질병을 일으키는 무서운 물질입니다. 유전병에는 불임, 유산, 선천성 기형, 지능 저하 등과 같은 질환이 포함되지요. 또 백내장, 폐질환, 폐렴, 중추신경계 질환 등도 자주 일으킨다고 합니다. 방사능 물질을 '죽음의 재'라 부르는 까닭이 여기에 있습니다. 그래서 방사능을 맞으면 곧바로 사망하지는 않더라도 장기간에 걸쳐 극심한 고통을 겪다가 서서히 죽어 가는 경우가 많습니다.

더구나 방사능은 눈에 보이지도 않고 냄새도 나지 않는 데다 바람

전기는 어떻게 만들어질까?

전기를 생산하는 방식은 화력발전, 수력발전, 원자력발전, 재생가능 에너지 발전 등으로 나눌 수 있다. 화력발전은 석탄이나 석유 같은 화석연료를 태워서 물을 끓일 때 나오는 증기의 힘으로 터빈을 돌려 전기를 생산하는 것이다. 수력발전은 강물이나 댐에서 떨어지는 물의 힘으로 터빈을 돌려서 전기를 만드는 것이고, 원자력발전은 우라늄이 핵분열 할 때 나오는 열로 증기를 만들어 그 힘으로 터빈을 돌려 전기를 생산한다. 원자력발전은 만들어 내는 에너지가 워낙 커서 한 번 핵연료를 넣으면 약 4년 동안이나 밤낮없이 물을 끓여 증기를 만들게 된다. 환경에 거의 영향을 미치지 않는 태양, 바람, 지열(**땅속의 열**) 등을 이용해 전기를 생산하는 방식도 있다. 이것들은 아무리 써도 다시 생겨나기 때문에 재생가능 에너지라 부른다. 현재 세계 전체 전기 생산량 가운데 원자력발전이 차지하는 비중은 11퍼센트 정도다.

• 우리나라 에너지원별 전기 생산량 비중 •

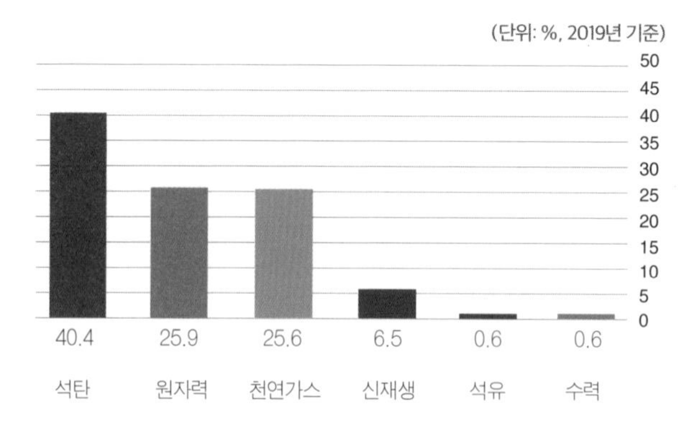

이나 흐르는 물에 섞여 어디든 아주 멀리까지 갈 수 있어서 더욱 무섭습니다. 이 때문에 원전 사고가 한번 나면 엄청난 재앙을 피할 수 없지요. 이것을 생생하게 보여 준 대표적인 두 가지 사례가 있습니다. 체르노빌 원전 사고와 후쿠시마 원전 사고가 바로 그것입니다.

지난 1986년 4월 26일, 과거 소련에 속했던 우크라이나의 체르노빌 원자력발전소에서 대규모 사고가 터졌습니다. 사고가 난 뒤 짧은 기간 안에 수천 명이 원자력발전소에서 새어 나온 방사능을 맞아 죽었고, 인근 주민 수십만 명은 방사능 오염을 피해 다른 지역으로 떠나야만 했습니다. 세계보건기구 자료에 따르면, 이 사고로 죽은 사람이 9000명에 이른다고 합니다. 이후에도 오랜 세월 동안 많은 사람이 죽어 갔고, 지금까지도 수십만 명의 사람이 암과 같은 갖가지 질병과 후유증에 시달리고 있지요. 더구나 사고가 났던 원전으로부터 반지름 10킬로미터 안쪽은 누구도 드나들 수 없는 출입금지 지역이 되었고, 반지름 30킬로미터 이내 지역은 영원히 사람이 살 수 없는 거주 금지 구역이 되었습니다. 여전히 방사능이 남아 있어 너무나 위험한 탓이지요.

뿐만이 아닙니다. 사고 뒤 방사능 누출을 막으려고 두께 100미터, 높이 165미터나 되는 5000톤 규모의 콘크리트 덮개를 씌웠습니다. 그런데 사고가 난 지 30년 가까이나 지난 요즘, 다시 그 위에 2만 톤에 달하는 철제 덮개를 씌우는 공사를 하고 있습니다. 이전에 씌운 콘크리트 덮개가 낡아 방사능 누출 위험이 커진 탓이지요. 원전 사고가 얼마나 무섭고 끔찍한 일인지를 뚜렷이 보여 주는 대목이 아닐 수 없습니다. 체르노빌 참사는 당시 누출된 방사능이 바람을 타고 유럽 전체로 퍼지는 바람에 그 뒤 세계적인 원전 반대 여론을 일으키는 결정적인 계기가 되었습니다.

지난 2011년 3월 11일에는 일본 동북부 후쿠시마 원자력발전소에서 또다시 엄청난 사고가 터졌습니다. 그날 이 지역 앞바다에서 인류 역사에서 몇 손가락 안에 꼽히는 초대형 지진과 쓰나미라 불리는 지진해일이 발생했습니다. 그 결과 수만 명이 사망했고 인근 지역은 모조리 폐허가 되고 말았습니다. 뭍으로 밀어닥친 산더미 같은 바닷물이 삽시간에 수많은 건물과 집, 도로를 모조리 집어삼

초대형 지진으로 후쿠시마 원자력발전소에서 방사능 누출 사고가 일어난 뒤 폐허가 된 일본의 도호쿠 지방. 사진은 지진 발생 하루 뒤 모습. (2011. 3. 12)

키고 말았지요.

아, 그런데 훨씬 더 끔찍한 재앙이 기다리고 있었습니다. 인근 후쿠시마에서 발생한 원전 사고가 바로 그것입니다. 지진으로 발전소가 부서지고 각종 설비가 망가지는 바람에 방사능이 대량으로 새어 나온 거지요. 사고 수습이 늦어지고 땅, 바다, 하늘로 방사능이 무차별로 퍼져 나가는 바람에 일본뿐만 아니라 온 세계가 공포에 떨어야 했습니다. 발전소 부근 지역은 한순간에 생명체가 살 수 없는 '죽음의 땅'으로 변해 버렸지요.

우리나라도 아주 위험하다

후쿠시마의 비극은 지금도 계속되고 있습니다. 사고 뒤 벌어진 갖가지 일들을 사람의 힘으로는 도무지 감당할 수 없기 때문이지요. 사고 이후 지금까지 방사능에 오염된 물이 매일 300~400톤씩이나 누출되고 있는 게 단적인 예입니다. 이 가운데 상당한 양이 태평양으로 흘러들어 갔고 주변의 지하수로도 흘러갔습니다. 이것은 지금도 계속되고 있는 일입니다. 사고 현장에서 방사능에 노출된 채 수습 작업을 하던 노동자들의 안전과 건강도 심각한 문제입니다. 얼마나 위험한지 뻔히 알면서도 오로지 생계를 위해 일할 수밖에 없었던 이들 가운데 방사능을 너무 많이 맞아서 더는 일할 수 없게 된 사람이 갈수록 늘고 있습니다. 또 전문가들의 조사 결과에 따르면, 일본 땅 전체의 70퍼센트가 방사능 물질의 하나인 세슘으로 오염됐다고 합니다. 그리고 이 물질이 모두 없어지려면 300년이나 걸린다고 합니다. 사고가 난 지 세월이 한참이나 흐른 지금도 수많은 사람이 불안과 공포에 떨 수밖에 없는 거지요. 이처럼 한번 대형 사고가 났다 하면 사람이든 자연이든 가리지 않고 거의 영구적으로 죽음과 파멸로 몰아넣어 버리는 게 원자력발전입니다.

눈여겨볼 것은, 그동안 대규모 원전 사고가 난 나라들은 공통점을 가지고 있다는 사실입니다. 방금 얘기한 두 사고 외에 세계 3대 원전 사고로 꼽히는 또 하나의 유명한 사고는 1979년 미국에서 발생한 스리마일 사고**입니다. 펜실베이니아 주의 어느 강에 있는 스리마일이라는 섬의 원자력발전소에서 기계와 부품 고장, 직원의 실수 등이 빚어낸 아찔한 사고였지요. 자, 보세요. 체르노빌 사고는 소련, 후쿠시마 사고는 일본, 스리마일 사고는 미국에서 터졌습니다. 이 세 나라는 모두 원전 수가 아주 많은 나라들입니다. 모두 '원자력 선진국'이자 '원자력 수출국'입니다. 원자력발전을 일찍 시작했기에 낡은 원전을 많이 보유한 나라들이기도 합니다.

그럼, 우리나라는 어떨까요? 우리나라는 현재 24기의 원자력발

** **이 사고로** 사람이 죽지는 않았지만, 미국 원자력산업에 끼친 영향은 아주 컸고 원자력발전의 안전성 논란이 거세진 계기가 됐다. 적어도 당시까지는 최악의 원전 사고였던 이 사고 탓에, 오염을 덜 시키고 비용이 적게 드는 '꿈의 에너지'로 각광받던 원자력발전 신화가 깨졌다. 특히 최첨단 과학기술 수준을 자랑하던 미국에서 일어난 사고였기에 충격은 더욱 컸다.

전소를 운영하고 있습니다. 원전 수 세계 6위, 설비 용량으로도 세계 6위입니다.*** 국토 면적과 비교한 원자력발전소의 수를 뜻하는 이른바 '원전 밀집도'는 세계 1위입니다. 앞의 세 나라들과 거의 비슷한 조건이지요. 게다가 우리나라는 유난히 원전과 관련된 부정부패와 비리가 심한 편입니다. 원전에 불량품과 중고품을 사용하기도 하고, 부품의 시험 성적서나 검증서를 위조하기도 하며, 이런 위험하기 그지없는 일에 원전과 관련된 정부 부처 책임자나 기관 사장이 연루되기도 했습니다. 이 모두 객관적으로 밝혀진 사실이지요. 크든 작든 원전 사고도 자주 일어났고(그동안 발생한 원전 고장과 사고 횟수를 모두 합치면 670번이 넘는다고 한다), 아주 낡은 원전도 몇 개나 됩니다. 자, 그러니 어떤 결론이 나올까요? 이 모든 상황을 고려하면 우리나라도 대규모 원전 사고가 터질 가능성이 아주 높다고 할 수 있겠죠?

원전은 무려 200만~300만 개에 이르는 부품으로 이루어져 있습니다. 이처럼 설비 자체가 아주 거대하고 복잡한 탓에 아무리 철저하게 안전 관리를 한다고 해도 언제든 사고가 날 수 있습니다. 더구나 원전을 오래 써서 낡으면 사고 위험이 더욱 커질 수밖에 없지요. 보통 원전 수명은 30년 정도로 평가되는데, 어떤 기계든 30년 넘게 온전히 쓸 수 있는 건 거의 없습니다. 또 우리가 일상생활에서 늘 경

*** 2018년 2월 현재 전 세계에서 원자력발전을 하는 나라는 모두 31개국이다. 이 가운데 원자력발전소 수에서 1위는 미국(99기), 2위는 프랑스(58기), 3위는 일본(42기), 4위는 중국(39기), 5위는 러시아(36기), 6위는 한국(24기) 순이다.

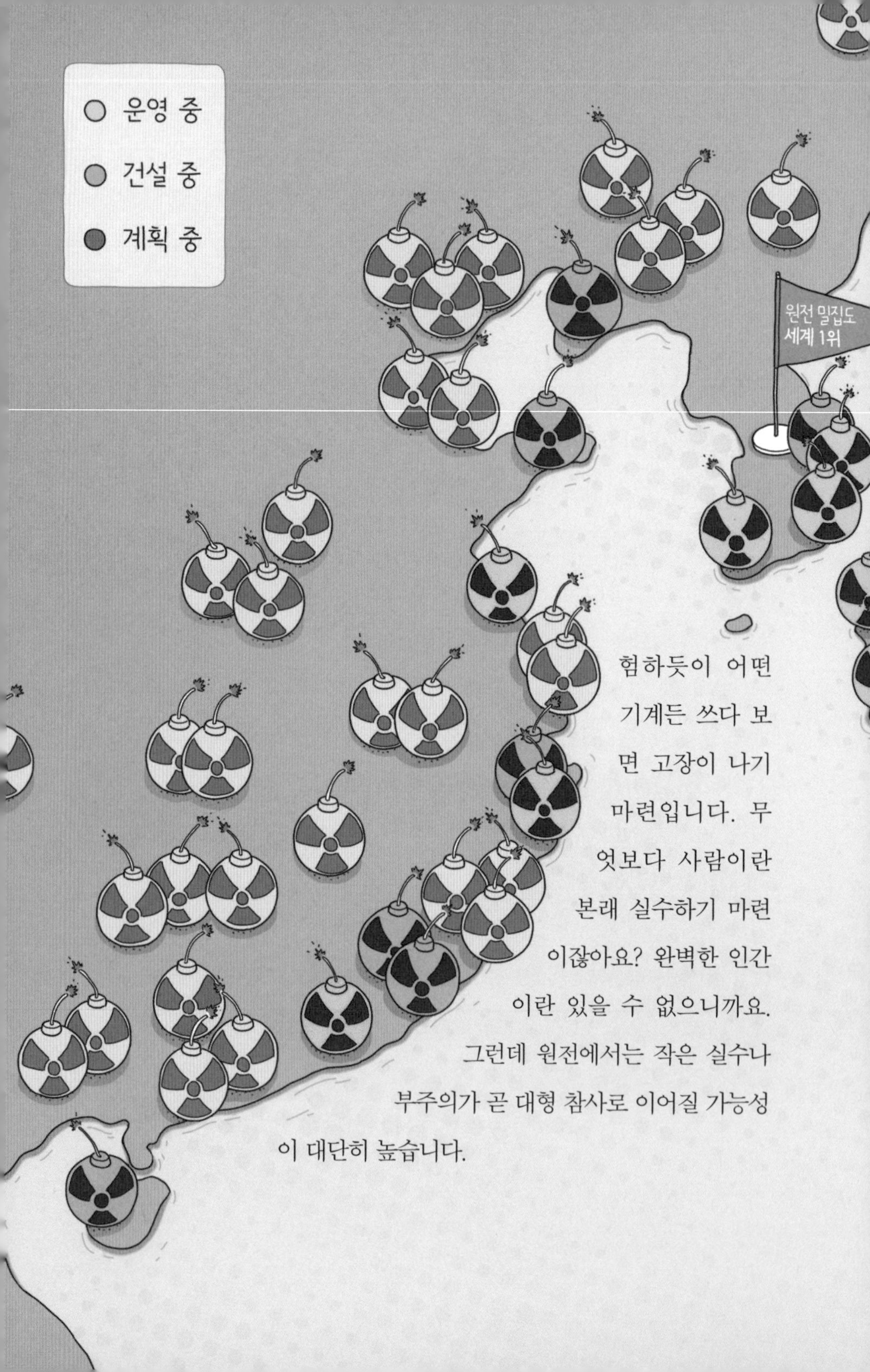

험하듯이 어떤 기계든 쓰다 보면 고장이 나기 마련입니다. 무엇보다 사람이란 본래 실수하기 마련이잖아요? 완벽한 인간이란 있을 수 없으니까요. 그런데 원전에서는 작은 실수나 부주의가 곧 대형 참사로 이어질 가능성이 대단히 높습니다.

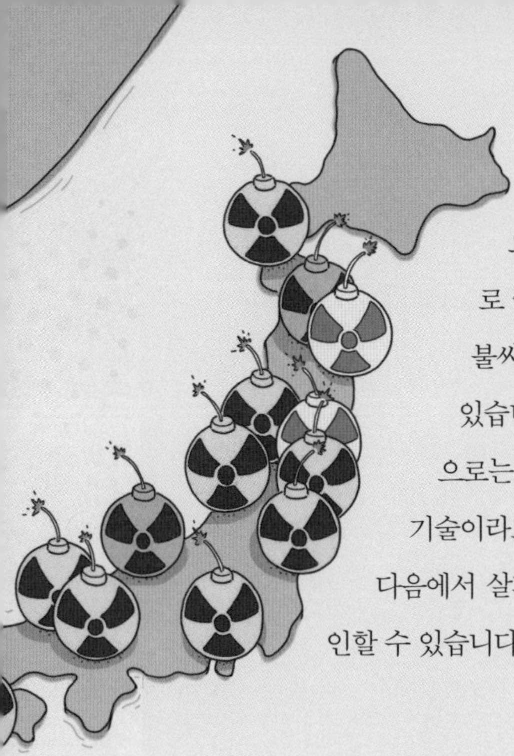

요컨대, 원자력발전은 근원적으로 죽음과 파괴라는 거대한 재앙의 불씨를 품고 있는 에너지라고 할 수 있습니다. 애당초 우리 인간의 능력으로는 감당할 수 없고 관리할 수 없는 기술이라고 해야 할지도 모릅니다. 이는 다음에서 살펴볼 '핵 쓰레기' 문제에서도 확인할 수 있습니다.

2. 영원히 끌 수 없는 불

방사성폐기물 처리, 정말로 답이 없다

원전에서 전기를 생산한 뒤 나오는 핵 쓰레기, 곧 방사성폐기물을 어떻게 처리할 것인지도 원전이 안고 있는 치명적인 골칫덩어리입니다. 우리 인류는 아직 사용후 핵연료와 같은 방사성폐기물을 안전하고 완벽하게 처리할 방법을 찾지 못하고 있습니다. 바로 이

"더 알아볼 이야기"

기준치 이하면 안전하다?

방사능 피폭량 기준치라는 게 있다. 방사능에 얼마나 노출되어도 안전한지를 알려 주는 일종의 방사능 허용 기준치라고 할 수 있다. 얼핏 기준치 이하라면 안전하다고 여기기 쉽다. 하지만 사실은 그렇지 않다. 기준치라는 것 자체가 일종의 허구이자 환상이기 때문이다. 예컨대, 일본 정부는 후쿠시마 사고 직후 이 기준치를 20배나 올렸다. 이렇게 새로 정한 기준치에 따라 이 수치 이상으로 오염된 지역 주민들은 대피시켰지만, 이 수치 이하로 오염된 지역에 대해서는 아무런 조치도 취하지 않았다. 이전 기준치를 그대로 두었더라면 아마도 모든 국민을 대피시켜야 했을지 모른다. 아마도 그런 엄청난 사태가 두려워 기준치를 크게 올렸을 터이다.

기준치란 게 이런 식이다. 한 나라 안에서도 사정에 따라 수십 배나 올라갔다 내려갔다 하는 것이다. 엄밀한 과학적·의학적 근거를 바탕으로 결정되는 게 아니라, 마치 고무줄처럼 형편 따라 늘었다 줄었다 하는 게 방사능 기준치라는 얘기다. 먹거리에 적용되는 기준치도 다르지 않다. 나라에 따라 10배도 넘게 차이가 나고, 상황에 따라 20배씩 오르락내리락한다. 그러니 방사능 기준치란 결국 '안전' 기준치가 아니라 '관리' 기준치라고 할 수 있는 셈이다.

때문에 원자력발전에 대해, 비행기가 일단 이륙은 했는데 착륙할 곳을 찾지 못해 공중에서 헤매는 꼴이라고 비판하는 사람도 있지요. 원자력발전을 '영원히 끌 수 없는 불'이라고 한 과학자도 있고요.

원전에서 나오는 폐기물은 크게 두 종류가 있습니다. 방사능이 거의 없거나 방사능 강도가 낮은 중저준위 방사성폐기물과, 방사능 강도가 높아서 아주 위험한 고준위 방사성폐기물이 그것입니다. 중저준위 폐기물은 원전에서 사용된 작업복, 장갑, 드럼통, 필터, 윤활유 같은 걸 말합니다. 고준위 폐기물은 전기를 만들고 나서 남은 핵연료봉을 말합니다. 이게 바로 사용후 핵연료라는 거지요. 4년 동안 물을 끓여 증기를 만든 핵연료는 아주 뜨겁기 때문에 '임시 저장 수조'라 불리는 물통의 찬물에 넣어 식혀야 합니다. 최소한 10년 이상, 길게는 수십 년 동안 이렇게 식힌 고준위 폐기물은 그 뒤 짧게는 10만 년에서 길게는 100만 년 동안 안전하게 보관해야 합니다. 그 정도 세월이 흘러야 방사능이 완전히 없어지는 탓이지요. 중저준위 폐기물도 관리 기간이 300년에 이릅니다. 방금 말했듯이 문제는 지금 인류의 과학기술 수준으로는 그 오랜 세월 동안 방사성폐기물을 안전하게 관리할 방법을 찾아내지 못하고 있다는 점입니다.

그래서 원자력발전을 하는 대부분 나라에서는 어쩔 수 없이 고준위 폐기물을 특정 장소에 모아 영구적으로가 아니라 임시로 보관하고 있습니다. 아무런 기약도 없이 근본적인 문제 해결은 미래로 미루면서 당장 발등에 떨어진 불을 끄는 데 급급한 형편이지요.**** 원자력발전 비중이 높은 우리나라가 이 핵 쓰레기 문제로 아주 골치가 아프리라는 건 두말할 필요도 없습니다. 우리나라 24개 원전에서 나오는 사용후 핵연료는 각 원전의 수조, 즉 물통 속에 임시로 보관되고 있습니다. 그런데 이미 우리나라 각 원전의 사용 후 핵연료는 전체 저장 용량의 거의 대부분을 채웠거나 70퍼센트 이상을 채우고 있습니다. 이대로 간다면 머지않아 원전마다 단계적으로 포화 상태에 이르리라는 건 불을 보듯 빤한 사실이지요.

앞으로 도대체 어떻게 해야 할까요? 정말로 답이 없습니다. 원자로에서 막 꺼낸 사용후 핵연료는 방사능이 워낙 강해서 1미터 떨어진 거리에서 17초만 사람 몸에 노출되어도 누구든 예외 없이 한 달 안에 죽게 된다고 합니다. 이 정도로 강한 방사능이 사람한테 해롭지 않은 수준으로 떨어지기까지는 최소한 10만 년 이상이 걸립니다. 그런데도 이 문제를 해결할 기술은 없습니다.

다시 묻습니다. 도대체 어떻게 해야 할까요? 이처럼 위험한 물질을 대책도 없이 끊임없이 쏟아내는 게 옳은 일일까요? 10만 년이 넘는 세월 동안 완벽하게 관리하려면 엄청난 비용과 노력이 들 텐데, 그것을 후손들에게 몽땅 떠넘기는 게 옳은 일일까요? 그런 위험

**** 영구 처분 시설을 만들고 있는 나라가 지구상에서 딱 한 군데 있으니, 북유럽의 핀란드다. 자연 조건에 힘입어 우리나라 경기도 정도 크기의 널따란 천연 암반 지역에 지하 500~1000미터의 굴을 파서 그 속에 폐기물 처분장 시설을 건설하고 있다. 하지만 이 시설이 10만 년 이상이나 버틸 수 있을지는 아무도 장담하지 못한다.

과 부담을 억지로 떠맡은 미래의 후손들은 나중에 지금의 우리를 얼마나 원망할까요? 이렇게 보면 원자력발전을 아주 무책임하고 부도덕한 에너지라고 해야 하지 않을까요?

불신만 키우는 정부 정책

한편, 원자력발전소와 방사성폐기물 처분장을 어디에 건설할지도 아주 풀기 어려운 문제입니다. 자기가 사는 지역에 원자력발전소나 방사성폐기물 처리장이 들어서는 걸 반길 사람은 거의 없으니까요. 그래서 원전이나 폐기물 처리장이 들어서는 지역에서는 거의 빠짐없이 심각한 갈등과 분쟁이 빚어지고 있습니다. 특히 우리나라에서는 방사성폐기물 처분장이 들어설 장소를 정하는 과정이 무척 힘들고 복잡했습니다. 정부는 1990년 서해 안면도, 1994년 서해 굴업도, 2003년 전라북도 부안 앞바다 위도 등지에 처분장을 건설하려고 했지만 번번이 실패하고 말았습니다. 일방적인 밀어붙이기 식으로 일을 강행한 탓에 지역 주민의 격렬한 반대에 부딪혔기 때문이지요.

결국 2005년에 3000억 원의 특별 지원금을 비롯해 갖가지 혜택을 주겠다는 약속을 내걸고서야 간신히 경상북도 경주에 중저준위 폐기물 처분장을 건설하기로 결정되었습니다. 하지만 지금 건설되고 있는 이 처분장의 실상을 들여다보면 무척 충격적입니다. 우선,

처분장이 들어서는 암반의 절반 이상이 암반으로서는 가장 낮은 등급인 5등급이라고 합니다. 5등급은 사람이 곡괭이로 팔 수 있을 정도로 약하다지요. 더구나 이 지역은 지하수가 많이 흐릅니다. 그래서 세월이 지날수록 지하수가 들어차 처분장 일대가 물에 잠길 위험이 크다는 전문가들의 우려가 높습니다.

이런 곳이 어떻게 선정될 수 있었을까요? 어이없게도 정부는 이런 사실을 이미 알고 있었음에도 처분장 터를 선정할 때 이를 선정위원회에 알리지도 않았습니다. 당장 터부터 서둘러 결정하려고 가장 중요한 정보를 일부러 숨긴 거지요. 이전부터 계속되고 있는 정부와 원전 추진 세력의 이런 잘못된 일 처리 방식은 민주주의 원칙을 망가뜨릴 뿐만 아니라, 정부가 추진하는 원전 정책에 대한 불신을 더욱 키우는 결과를 낳고 있습니다. 제 스스로 자기 발등을 찍는 어리석은 일을 저지르고 있는 거지요. 안타까운 일이 아닐 수 없습니다.

3. 원전을 둘러싼 잘못된 신화

원자력발전은 값싸다?

그런데 이런 원자력발전이 경제적이라고 주장하는 사람들이 있습니다. 원자력 덕분에 값싼 전기를 안정적으로 공급받을 수 있다는 거지요. 이미 가동 중인 원전에서 전기를 만들어 내는 데 들어가는 비용만 따로 떼어서 보면 원자력발전이 싼 게 사실입니다. 하지만 원자력발전소란 게 하늘에서 그냥 뚝 떨어지는 게 아니잖아요? 원전 1기를 건설하는 데만 무려 6~7조 원에 달하는 막대한 돈이 들어갑니다. 거기다 방사성폐기물 처리 비용과 사고 처리에 대비한 보험료 등도 엄청나고, 원자력발전을 둘러싼 분쟁이나 갈등 탓에 발생하는 사회적 비용도 아주 크지요.

또한 앞서도 말했듯이 원전 수명은 보통 30년 정도입니다. 물론 기간을 연장해 더 오랫동안 사용하기도 하지만, 어떻든 수명이 다한 원전은 방사능 오염 때문에 완벽하게 철거해야 합니다. 발전소 터와 주변 지역의 오염도 깨끗이 제거해야 하고요. 그런데 원전 1기를 철거해서 해체하는 데 드는 비용이 만만치 않습니다. 적게 잡아도 6000억 원이 넘고, 1~2조 원은 될 거라는 계산 결과를 내놓은 국제기구들도 여럿 있지요.***** 해체 기간도 최소한 15년 이상은 걸리고, 주변 환경을 완전히 복원하기까지는 80년 이상은 걸린다고 합니다. 게다가 원전이 낡을수록 부품 교체에 들어가는 비용, 안전 관리 비용 등도 크게 늘어날 수밖에 없습니다.

***** 2018년 2월 현재 가동 중인 전 세계 원전은 449기인데, 이 가운데 30년 이상 운영하고 있는 원전이 절반에 가깝다. 이미 영구 정지에 들어간 원전은 166기다. 원전 24기를 운영 중인 우리나라도 2030년이면 설계 수명이 끝나는 원전이 11기에 이를 것으로 예측된다. 이에 따라 앞으로 원전 해체 비용 부담 문제가 커다란 골칫거리로 떠오를 전망이다. 우리나라의 첫 원자력발전소인 고리 1호기는 가동을 시작한 지 40년 만인 지난 2017년 6월 영구 정지에 들어갔다.

이처럼 처음부터 끝까지 원전을 둘러싼 전체 과정을 다 따져 보면 원전은 값싼 에너지이기는커녕 아주 비싸고 비효율적인 에너지라고 할 수 있습니다. 특히 고준위 폐기물, 즉 사용후 핵연료를 처리하고 관리하는 데 드는 비용은 지금으로서는 계산조차 할 수 없습니다. 원자력발전은 아주 먼 훗날까지 두고두고 우리 인류에게 값비싼 청구서를 계속 들이밀 것입니다.

원자력발전은 친환경 에너지다?

한편, 어떤 사람들은 원전이 이산화탄소 같은 온실가스를 배출하지 않으므로 친환경적인 에너지라고 주장합니다. 하지만 이 또한 나무만 보고 숲은 못 보는, 너무 단순한 주장입니다. 무엇보다 원전은 다른 어떤 에너지원에서도 발생하지 않는 방사능이라는 치명적인 생명 파괴 물질을 만들어 낸다는 점에서 '친환경'과는 거리가 아주 멉니다. 그리고 이 경우에도 전기를 만드는 과정만 따로 떼어서 볼 게 아니라 원자력발전이 이루어지는 전체 과정을 보는 게 중요합니다.

한번 생각해 보세요. 원자력발전을 하려면 먼저 연료인 우라늄을 캐내고 운반하고 가공해야 합니다. 또 거대한 발전소를 건설해야 하고, 수명이 다하면 그것을 해체하고 철거해야 합니다. 전기를 생산하고 나서는 각종 방사성폐기물을 처리할 시설을 만들어 운영해야 하고요. 이 모든 과정에서 대량의 온실가스가 나옵니다. 뿐만 아니라 지금 당장은 원전이 값싸게 대량의 전기를 공급해 주기 때문에 에너지 낭비를 부추기는 측면도 크다고 할 수 있습니다. 원전이 결국은 온실가스를 더 많이 배출하도록 유도하는 셈이지요.

원전이 안고 있는 이런 수많은 문제들 탓에 오늘날 선진국들을 비롯한 세계 추세는 원전을 줄이거나 장기적으로는 없애는 쪽으로 흘러가고 있습니다. 2017년을 기준으로 할 때 유럽에서는 지난 30년 동안 원전 50기를 줄였습니다. 미국도 지난 30년 동안 10기를 줄였습니다. 미국은 원전 99기를 가동하고 있는 세계 1위의 원전 대국입니다. 이런 미국도 2016년 재생 에너지로 만드는 전기의 양이 원전으로 만드는 양을 넘어섰습니다. 나아가, 현재 전기 생산량에서 20퍼센트인 원전 비중을 2050년까지 11퍼센트로 줄이고 대신에 재생 에너지 비중은 크게 늘릴 계획입니다. 특히 미국은 2017년 7월 한창 건설 공사를 진행하고 있던 원전 4기 가운데 2기의 사업을 중단하기로 결정했습니다. 눈덩이처럼 불어나는 공사비를 감당할 수 없는데다 원자력발전의 경쟁력이 크게 떨어진 탓입니다. 이 2기는 이미 전체 건설 과정의 60퍼센트도 넘게 공사가 진행된 상황이었습니다. 그런 상태에서 공사를 그만두면 천문학적인 손실을 감수할 수밖에 없는데도 미국은 미련 없이 손을 털었습니다.

세계 2위의 원전 대국은 프랑스입니다. 이런 프랑스도 2017년 7월 에너지환경부 장관이 2025년까지 현재 원전 58기 가운데 17기를 폐쇄하겠다는 계획을 발표했습니다. 원자력발전의 비중은 2025년까지 지금의 75퍼센트에서 50퍼센트로 줄일 계획이고요. 54기의 원전을 가동하던 일본은 후쿠시마 참사 뒤 원전 안전 기준을 강화했습니다. 한데 이 기준을 통과한 원전은 5기뿐이었습니다.

그리하여 현재 전 세계에서 원전을 운영하는 30여 개 나라 가운데 절반 정도는 새로운 원전을 더 짓지 않고 있습니다. 독일, 스위스, 스웨덴, 이탈리아, 벨기에, 오스트리아, 대만 등은 이미 공식적으로 탈핵의 길을 선택했습니다. 원자력 산업은 갈수록 저물어가는 사양 산업입니다. 지금도 여전히 원전 확대를 고집하는 나라는 많지 않습니다. 중국, 러시아, 인도 등과 중동 지역 나라들 정도를 꼽을 수 있지요. 모두 민주주의가 제대로 작동하지 않는 나라라는 공통점을 지니고 있습니다.

원자력발전은 한편으로 현대 과학기술 자체에 대한 깊은 반성을 이끌어 내고 있기도 합니다. 체르노빌 사고와 후쿠시마 사고 등을 겪으면서, 아무리 눈부시게 발전한 최첨단 과학기술이라 해도 그것을 무턱대고 믿고 따르다가는 엄청난 재앙에 빠질 수도 있다는 사실을 뼈저리게 확인한 거지요. 이는 인간의 과학기술로 자연을 관리하고 통제할 수 있다는 믿음이 오만하고도 어리석은 착각이라는 걸 깨달았다는 뜻이기도 합니다.

원전을 없애면 큰일 난다?

우리나라는 어떤 길을 가고 있을까요? 우리나라는 오랫동안 원전 확대 정책을 밀어붙여 왔습니다. 하지만, 다행히 우리나라에서도 원전을 줄여 나가려는 움직임이 꿈틀거리고 있습니다. 지난 2017년 5월 정권교체를 이루면서 새롭게 돛을 올린 문재인 정부는 오는 2079년까지 점진적이고 단계적으로 탈핵을 이루겠다고 선언했습니다. 새 원전을 더는 건설하지 않고 기존 원전의 수명은 연장하지 않음으로써 서서히 원자력발전을 줄이겠다는 거지요. 우리나라는 2017년 현재 전체 발전량 가운데 원자력발전이 차지하는 비중이 30퍼센트인데 이것을 우선 2030년까지는 24퍼센트 정도로 낮출 계획입니다. 원전 개수도 지금의 24기에서 18기로 줄일 계획이고요.

걱정스러운 것은 우리나라가 포함된 동북아시아 일대가 세계에서 원전이 가장 빽빽하게 밀집한 지역이라는 점입니다. 우리나라와 일본은 본래부터 원전이 많은 데다, 중국이 최근 급속한 경제성장에 따라 원전을 크게 늘리고 있기 때문이지요. 자, 이 대목에서 한번 상상해 보세요. 중국에서 원전 사고가 터지는 경우를 말입니다. 그리고 한번 떠올려 보세요. 해마다 몇 번씩이나 중국에서 우리나라로 날아오는 누런 황사를 말입니다. 방사능이 황사처럼 바람을 타고 우리나라로 날아온다면 어떻게 될까요? 더구나 중국 원전은 중국 안에서도 경제와 산업이 발전한 지대, 곧 우리나라와 가까운 동쪽 지역에 많이 몰려 있습니다. 이에 더해 우리나라는 다른 나라와는 달리 원전에서 멀지 않은 곳에 수많은 인구가 밀집해 살고 있습니다. 이는 곧, 대형 사고가 한 번이라도 난다면 그 피해는 그야말로 상상을 초월할 가능성이 대단히 높다는 뜻이지요.

원자력발전을 찬성하는 쪽에서는 원전을 없애면 전기가 부족해져서 큰 난리가 날 거라고 주장합니다. 또 경제성장을 지속하고 전기 소비가 갈수록 늘어나는 현실에 대비하기 위해서도 원전을 더욱 확대해야 한다고 주장하지요. 하지만 지난 2013년 여름에 당시 가동 중이던 우리나라 23개 원전 가운데 10개가 여러 가지 문제가 겹치는 바람에 멈췄는데도 별문제는 없었습니다. 일본에서도 후쿠시마 사고 이후 나라 안 모든 원전의 가동을 멈춘 적이 있는데, 이때도 큰 난리는 나지 않았습니다. 한마디로 원전 문제는 우리가 하기 나름에 달렸다는 얘기입니다.

원자력발전은 언젠가는 터질 시한폭탄과 비슷하다고 할 수 있습니다. 이제는 맹목적인 경제성장이나 끝없는 에너지 소비 증가를 깊이 반성해야 할 때입니다. 한정된 자원으로 만들어지는 에너지를 마치 무한한 것처럼 펑펑 써 대면서 경제발전을 계속하겠다는 건 낡은 사고방식입니다.******

****** 원자력발전의 원료인 우라늄도 언젠가는 바닥날 수밖에 없는 유한한 자원이다. 전문가들 사이에 견해가 엇갈리기는 하지만, 지금 수준에서 사용할 수 있고 확인할 수 있는 우라늄 매장량만 따지면 앞으로 70~100년 정도 쓸 수 있는 양이 남았다고 한다. 화석연료와 마찬가지로 어차피 종말을 맞을 수밖에 없는 것이 원자력발전이다.

잇따르고 있는 원전 사고는 원자력발전이 당장은 달콤한 편리와 안락을 안겨 주지만 거기엔 엄청나게 값비싼 대가가 따를 수밖에 없다는 것을 잘 보여 주고 있습니다. 물론 모든 원전을 곧바로 없앨 수야 없습니다. 철저하고 장기적인 계획을 세워 단계적이고 점진적으로 원전을 줄여 나가면서 다른 대안을 찾는 게 슬기로운 길이라고 할 수 있지요. 여러 선진국이 지금 가고 있는 길이 바로 이것입니다. 남들이 하는 일을 우리라고 못할 이유는 전혀 없습니다. 그러므로 원전을 없애는 것은 엄밀히 말해 경제 문제도 아니고 기술 문제도 아닙니다. 그것은 우리 모두의 마음가짐과 '정치적 결단'의 문제입니다.

그럼, 그 대안이라는 게 구체적으로 뭘까요? 지금의 에너지 위기를 이겨 내려면 무엇을 어떻게 해야 할까요?

에너지 위기를 해결하려면?

3장

1. 셰일 에너지는 대안이 될 수 없다

에너지 위기를 해결할 '요술 방망이'?

혹시 셰일 에너지라는 말을 들어 봤나요? 아마 처음 들어 보는 낯선 말일지도 모르겠습니다. 하지만 인류 생존을 위협하는 석유 고갈과 에너지 위기를 이겨 낼 수 있는 방안을 살펴보기 전에 셰일 에너지에 대한 얘기부터 하고 넘어가는 게 좋을 듯합니다. 요즘 셰일 에너지란 것이 본격 개발되면서 이것을 인류의 에너지 문제를 해결해 줄 '요술 방망이'처럼 여기는 들뜬 분위기가 높아지고 있으니까요.

앞에서 아직 발견되지 않은 석유가 지구 여기저기에 묻혀 있을 가능성은 얼마든지 있다는 얘기를 한 적이 있습니다. 그 가운데 대표적인 것이 바로 셰일 에너지입니다. 이게 도대체 뭘까요? 지구 땅속 깊은 곳에 입자가 미세한 진흙이 쌓인 뒤 물기가 빠지면서 굳은 암석인 진흙퇴적암층(셰일층)에는 석유와 가스가 묻혀 있습니다. 여기 들어 있는 가스를 셰일 가스라 하고, 석유는 셰일 오일이라 부릅니다. 이 둘을 합쳐서 셰일 에너지라 하고요. 땅속 수천 미터나 되는 너무 깊은 곳의 바윗덩어리에 갇혀 있는 에너지원이라, 그동안은 있다는 것을 알고는 있으면서도 캐낼 엄두를 내지 못했습니다. 기술도 없었고 돈도 감당할 수 없을 만큼 너무 많이 들었지요.

그런데 2000년대 들어 '수압파쇄'라는 기술이 새롭게 개발됐습니다. 이것은 셰일 암석층에 갇혀 있는 셰일 가스와 셰일 오일을 빼낼 수 있도록 바위에 틈을 만들어 내는 기술을 말합니다. 먼저, 땅 밑으로 수천 미터를 파 내려간 다음 셰일층이 나오면 드릴 머리를 꺾어 이번엔 옆으로 수백 미터를 파 들어갑니다. 그러고선 그렇게 해서 만든 시추공에 모래와 화학물질을 섞은 대량의 물을 엄청나게 센 압력으로 뿜어 넣어 바위에 틈을 내고 석유와 가스를 뽑아내는 거지요.

셰일 에너지의 매장량은 아주 많다고 합니다. 전문가에 따라 내놓는 수치가 다르긴 하지만, 인류가 앞으로 최소한 100년은 넉넉하게 쓸 수 있는 양이라는 얘기들을 많이 합니다. 요즘 같은 에너지 위기 시대에 사람들이 환호성을 올릴 만하지요. 특히 세계에서 에너지를 가장 많이 소비하는 나라인 미국과 중국에 매장량이 많습니다.

그래서 수압파쇄 기술을 먼저 개발한 미국에서는 요즘 셰일 에너지 바람이 뜨겁게 불고 있습니다. 셰일 오일 생산량이 폭발적으로 늘면서 미국은 갑자기 옛날처럼 세계에서 석유를 가장 많이 생산하는 나라가 되었습니다. 미국은 한때 세계 최대 산유국이었지만 2000년대 이후부터는 석유 생산량 순위에서 사우디아라비아와 러시아에 밀리고 있었습니다. 그러던 미국이 셰일 오일 덕분에 이미 에너지 수입국에서 수출국으로 바뀌었고, 2035년쯤이면 에너지를 자급하게 될 거라는 성급한 예측까지 나오고 있습니다.

'셰일 혁명'이라고까지 불리는 이런 새로운 상황 속에서 미국 경제 또한 커다란 변화를 맞이합니다. 셰일 에너지가 쏟아져 나오는 덕분에 에너지 가격이 낮아지고 그 결과 에너지 비용이 줄어들었습

셰일 가스 채굴 과정 (〈해외경제 포커스〉제2012-9호)

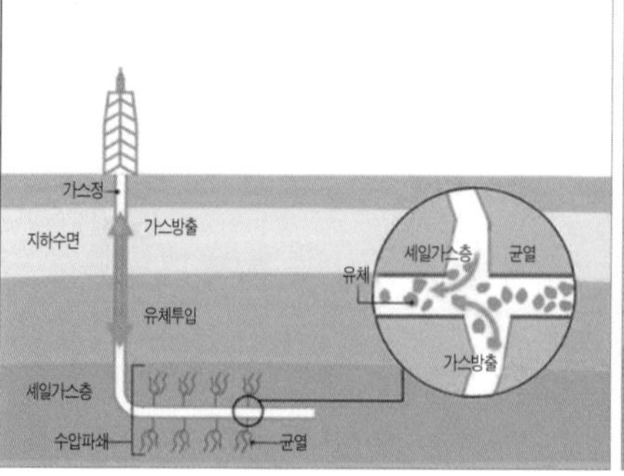

셰일 오일 채굴 과정 (〈해외경제 포커스〉제2012-49호)

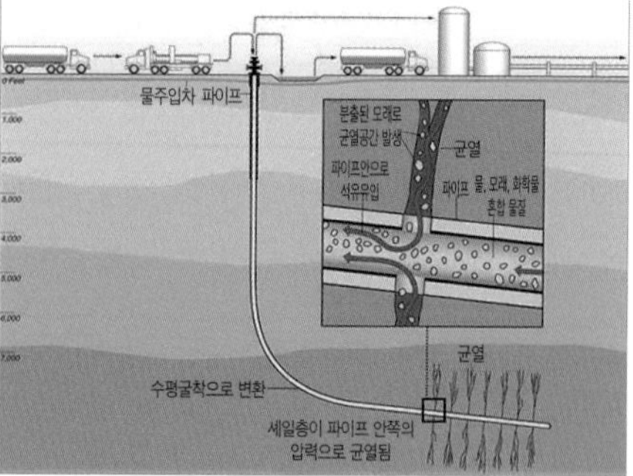

니다. 이는 자연스레 경제 활성화로 이어졌습니다. 업종마다 다르긴 하지만 먼저 제조업의 경쟁력이 높아졌습니다. 값싼 노동력 등을 찾아 외국으로 나갔던 기업들이 본국으로 다시 돌아오고 있습니다. 어떤 사람들은 셰일 에너지가 세계 에너지 지도를 뒤바꿀 거라고 전망하기도 합니다. 에너지 가격, 에너지를 둘러싼 분쟁, 강대국들 사이의 패권 다툼 판도 등에 커다란 영향을 미칠 거라는 얘기지요.

위기를 잠시 미루는 달콤한 유혹일 뿐

하지만 셰일 에너지 '혁명'이라고까지 불리는 지금의 현상을 우려하는 목소리도 상당히 높습니다. 무엇보다 셰일 에너지를 뽑아내는 방식은 막대한 에너지와 자원을 낭비하고 환경을 심각하게 망가뜨립니다. 특히 엄청난 물을 낭비해 수자원을 고갈시키는 데다 물속에 섞여 있는 화학물질이 지하수나 토양을 크게 오염시키지요. 또 셰일 가스에는 메탄이 포함돼 있는데, 이것을 제대로 제거하지 않으면 공기 오염을 피할 수 없고 지구 온난화를 더욱 악화시키게 됩니다. 더구나 수천 미터 땅 밑 곳곳에 커다란 구멍을 내는 방식이어서 아주 위험하다는 지적 또한 높습니다. 실제로 영국에서는 셰일 에너지를 개발하다가 약하긴 했지만 지진이 두 번이나 발생하는 바람에 작업을 중단한 적이 있습니다. 그래서 환경 의식이 높은 유럽 여러 나라에서는 자기 나라의 셰일 에너지 개발을 반대하는 움직임이 거세게 일고 있지요. 지구 이곳저곳의 그 깊은 땅속을 마구 구멍을 뚫어 헤집어 놓으면 아무래도 나중에 큰 사고가 날 가능성이 높지 않을까요?

더 근본적으로는 셰일 에너지 또한 언젠가는 고갈될 수밖에 없는 화석연료라는 사실을 잊지 말아야 합니다. 셰일 에너지를 사용하더라도 에너지 위기가 조금 더 지연될 뿐이라는 얘기지요. 값싼 셰일 에너지가 대량으로 공급되면 그간 인류가 에너지 위기를 극복하려고 기울여 온 다양한 노력들이 뒷걸음질할 가능성도 높습니다. 아닌 게 아니라 미국에서는 셰일 에너지 바람이 불기 시작한 뒤로 재생 에너지 개발에 대한 투자가 시들해졌다는 소식이 들려오고 있습니다. 셰일 에너지라는 눈앞의 달콤한 유혹을 뿌리치기는 쉽지 않을 것입니다. 하지만 그것이 에너지 위기의 근본 해결책이 될 수 없다는 사실을 명심하지 않는다면 위기는 계속될 수밖에 없습니다.

2. 재생 에너지를 위하여

에너지 위기를 근원적으로 해결할 수 있는 방법은 그리 유별난 것도, 기발하고 색다른 것도 아닙니다. 쉽게 짐작할 수 있듯이 에너지 사용을 최소한으로 줄이고, 고갈이나 환경 파괴 우려가 없는 재생 에너지를 많이 쓰는 게 바로 그것이니까요.

사용을 줄이고 효율을 높이자

먼저, 에너지 사용을 줄이려면 에너지를 아껴 쓰고 덜 쓰는 글자 그대로의 에너지 절약뿐만 아니라, 보다 적은 에너지로 상품 생산 같은 여러 가지 일이나 활동을 하는 것을 뜻하는 에너지 효율 향상이 동시에 이루어져야 합니다. 이 둘은 비슷하긴 하지만, 에너지 효율 향상의 경우는 산업 활동 등에서 이전에 비해 에너지를 덜 쓰는 새로운 생산 기술이나 작업 공정, 친환경 상품을 개발하는 것과 같은 노력을 중시합니다. 그래서 개인 차원에서 에너지 사용을 줄이려는 노력도 물론 중요하지만, 에너지를 대량으로 사용하는 기업이나 산업체, 공공기관 같은 데서 이런 실천을 열심히 하면 효과가 더욱 커지게 됩니다.

실제로 우리나라에서 에너지를 낭비하는 주범은 개인이나 가정이 아니라 공장 같은 거대한 생산 설비를 이용하는 기업입니다. 2016년 기준으로 우리나라의 분야별 에너지 소비량을 보면 산업 분야가 61퍼센트나 차지합니다. 가정과 상업 분야가 17퍼센트, 수송 분야가 19퍼센트쯤 되고요. 왜 산업 분야에서 이렇게 에너지를 많이 쓸까요? 가장 큰 이유는 산업 구조 자체가 에너지를 많이 소비하는 업종 중심으로 이루어져 있는 탓입니다. 산업용 전기요금의 가격 또한 싼 편이어서 기업들은 전기를 아까운 줄 모르고 씁니다. 사실 우리나라 기업들은 오랫동안 아주 싼 산업용 전기요금 체제를 적용받아 큰 이득과 혜택을 누렸습니다. 과잉 특혜라고 해도 지나친 말이 아니지요. 기업 입장에서는 이처럼 싼값에 전기를 공급받으면 에너지를 절약하거나 에너지 효율을 높이려고 애쓰기보다는 그냥 손쉽게 전기를 대량으로 쓰는 게 오히려 이득이 됩니다.

이에 대한 문제제기와 비판이 높아지자 최근에는 꾸준히 산업용 전기요금을 인상해 왔습니다. 그래서 산업용과 가정용 전기요금 사이의 격차가 이전에 비해 줄어들었습니다. 하지만 아직도 여전히 산업용 요금이 싸다는 지적이 끊이지 않습니다. 어떤 이들은 마치 일반 가정이나 개인들이 전기를 너무 많이 쓰는 탓에 전력 부족 사태가 일어날 것처럼 얘기하곤 합니다. 에너지 문제의 책임을 개인에게 돌리려는 거지요. 이건 사실이 아닙니다.

그런데 사실, 에너지를 절약하고 효율적으로 사용하는 기술은 꽤 개발돼 있는 편입니다. 단열, 조명, 전동기(모터) 등과 같은 분야에서 특히 그러합니다. 이미 개발된 기술로 기존 기술을 대체하기만 해도 전체 에너지 사용량의 30퍼센트를 절약할 수 있다는 연구 결과도 있습니다. 물론 새로운 기술로 대체하려면 당장은 돈이 좀 들겠지요. 그렇지만 길게 볼 때 이득이 되리라는 건 누구나 짐작할 수 있는 일입니다. 에너지 절약과 효율 향상. 이것은 경제 구조를 바꾸든 개인적 삶의 방식을 바꾸든 에너지 위기를 극복하는 노력에서 늘 염두에 둬야 할 중요한 일입니다.

재생 에너지의 힘과 매력

자 그럼, 이제 재생 에너지에 대해 알아볼까요? 재생 에너지란 태양의 빛과 열, 바람, 바이오매스(나무·농작물 가지·볏짚·톱밥 같은 농업과 산림 부산물, 축산 분뇨 등을 포함해 다양한 생물자원과 유기성 폐기물을 아울러 일컫는 말), 지열 같은 걸 말합니다. 환경에 별다른 해를 끼치지 않는 작은 규모의 수력, 바다의 파도나 조수 간만의 차가 만들어 내는 힘도 포함되고요.

이런 재생 에너지는 장점이 많습니다. 우선, 화석연료와 달리 자연을 그다지 파괴하지 않고 이산화탄소를 비롯한 온실가스를 배출하지 않습니다.

둘째, 고갈을 염려할 필요가 없습니다. 태양이나 바람은 아무리 많이 써도 없어지는 게 아니니까요.

셋째, 석유처럼 특정 지역에 집중되어 있지 않아서 어디서나 그곳의 조건과 특성에 맞는 에너지를 손쉽게 얻을 수 있습니다. 원자력발전이나 화석연료 에너지는 중앙 집중적인 성격 탓에 중앙의 일방적이고도 독점적인 통제와 관리를 피할 수 없습니다. 또 거대한 자본과 설비가 반드시 밑받침되어야 합니다. 이와는 반대로 재생 에너지는 지역 중심이어서 민주적이고 분산적이며 주민 주도로 에너지를 생산하고 활용할 수 있습니다. 뿐만 아니라 에너지에 대한 해외 의존을 낮추기도 쉽고, 급작스러운 에너지 위기가 닥쳐도 보다 손쉽게 그 충격을 분산시키고 피해를 줄일 수 있지요. 에너지원의 거의 대부분을 해외에서 수입하고 있는 우리나라 현실을 고려할 때 이는 매우 중요한 대목입니다.

넷째, 재생 에너지는 새로운 일자리를 많이 만들어 내는 등 경제적인 효과도 큽니다. 원자력발전이나 화석연료 에너지는 거대한 기계와 첨단 기술로 움직이지만 재생 에너지는 작고 분산돼 있어서 상대적으로 사람 일손이 많이 필요합니다. 기술이 계속 발전하고 있어서 관련된 여러 산업을 활성화하는 데에도 도움이 되고요. 요즘처럼 일자리 문제가 심각하고 경제가 어려운 상황에서 이는 커다란 매력이 아닐 수 없습니다.

다섯째, 재생 에너지는 원자력 에너지처럼 위험하지도 않고 무기로 개발할 수도 없으며, 석유 같은 화석연료처럼 분쟁을 일으킬 염려도 없습니다. 다른 에너지와는 달리 아주 평화적인 에너지라는 얘기지요.

그래서 지금 세계적으로 원자력발전이 한물가는 것과는 달리 재생 에너지 산업은 날로 번창하고 있습니다. 특히 세계 전체를 볼 때 풍력발전은 거의 해마다 20퍼센트 이상씩 성장하고 있으며, 태양광발전은 풍력발전보다 늦게 시작되었음에도 해마다 50퍼센트 이상씩 성장하고 있다는 조사 결과가 나오고 있습니다. 2010년과 2011년에는 거의 100퍼센트의 성장률을 기록했다지요. 그리하여 2017년 7월 현재 태양광과 풍력발전 설비만으로도 전 세계 원자력발전 설비 용량의 두 배에 이릅니다. 세계 전체 전력 생산량에서 재생 에너지가 차지하는 비중은 25퍼센트인 데 반해 원자력은 10퍼센트에 지

OUT
IN
석유
재생에너지
RENEWA
10

나지 않지요. 2050년쯤이면 재생 에너지가 세계 전체 에너지 수요의 40퍼센트를 충당할 거라는 예측이 나오기도 합니다. 이런 흐름 속에서 재생 에너지 분야에서 만들어지는 일자리도 크게 늘었습니다. 세계적으로 1000만 명 정도에 육박한다지요.

한데 안타깝게도 우리나라의 재생 에너지 개발과 사용은 세계에서 꼴찌 수준이라고 해도 지나친 말이 아닙니다. 재생 에너지에 대한 국제 기준을 엄격히 적용하면 우리나라 전체 에너지 소비에서 재생 에너지가 차지하는 비중은 2퍼센트도 채 되지 않지요.*

물론 재생 에너지에도 단점은 있습니다. 아직까지는 기술 수준이 낮아서 필요한 만큼의 에너지를 충분히 만들어 내지 못하고 있습니다. 생산하는 전기에 비해 아직은 비용도 많이 들고요. 또한 날씨, 지형, 계절의 변화와 같은 자연적 조건의 영향을 크게 받는 탓에 안정적으로 전기를 만들어 내기가 쉽지 않습니다. 하지만 재생 에너지의 수많은 장점을 고려하면 화석연료의 대안으로 재생 에너지보다 나은 게 없다는 건 명백한 사실입니다. 어떤 사람들은 우리나라

* 우리나라에서는 공식적으로 '신재생 에너지'라는 용어를 사용한다. 하지만 이는 국제에너지기구(IEA)나 OECD 등을 비롯해 국제적으로 사용되는 재생 에너지 분류 기준과는 다른 것이다. 우리나라의 '신재생 에너지'에는 태양, 풍력, 바이오매스, 지열처럼 '자연으로부터 끊임없이 공급되는' 진정한 의미의 재생 에너지뿐만 아니라, 화석연료를 변화시켜 사용하는 수소 에너지, 연료전지 같은 '신에너지'와 재생 가능하지 않은 폐기물 등도 모두 포함돼 있다. 이에 대해, 재생 에너지를 많이 쓴다는 인상을 주려고 의도적으로 수치를 부풀리기 위해 '신재생 에너지'라는 용어를 쓰는 것 아니냐는 지적이 나오기도 한다.

가 풍력발전이나 태양광발전을 하기엔 자연 조건이 불리하다는 주장을 하곤 합니다. 하지만 이는 사실이 아닙니다. 예를 들어, 세계에서 태양광으로 전기를 가장 많이 생산하는 나라인 독일은 국토 면적당 내리쬐는 태양광이 우리나라보다 30~40퍼센트나 적습니다. 이 사실을 어떻게 설명해야 할까요?

재생 에너지는 무조건 비쌀 거라고 여기는 고정관념 또한 새롭게 따져볼 여지가 적지 않습니다. 재생 에너지로 전기를 만드는 데 드는 비용이 갈수록 낮아지고 있으니까요. 특히 풍력의 경우는 석탄화력발전보다 비용이 덜 든다는 나라도 여럿 있습니다. 기술 개발이 계속되고 있으므로 재생 에너지 비용은 앞으로 더욱 빠르게 낮아지겠지요. 경제 규모 등에서 일정 수준을 넘어서는 세계 주요 나라들 가운데 재생 에너지보다 원자력발전에서 더 많은 전기를 얻고 있는 나라는 미국과 프랑스, 그리고 우리나라밖에 없다는 사실을 명심할 일입니다.

그래서 이제 정책, 제도, 법 등을 만드는 정부와 정치인들, 돈과 기술을 비롯한 여러 자원을 많이 가지고 있는 기업 같은 데서 보다 적극적으로 나서야 합니다. 그렇게 해서 재생 에너지 쪽으로 지원과 혜택도 많이 제공해 주고 힘을 크게 실어 주면 사회 분위기와 사람들 생각도 빨리 바뀌고 재생 에너지도 훨씬 널리 퍼질 것입니다. 또한 그런 과정에서 방금 얘기한 재생 에너지의 단점이나 한계들도 점점 해결해 나갈 수 있을 거고요.

"더 알아볼 이야기"

앞서 가는 에너지 선진국, 독일

독일의 에너지 정책을 상징적으로 보여 주는 것은 국회의사당이다. 수도 베를린에 있는 의사당을 덮고 있는 것은 거대한 유리 돔이다. 이 안에는 커다란 거울 기둥이 있다. 해가 뜨면 빛이 거울에 반사돼 의사당의 본회의장 안을 밝게 비춘다. 조명에 쓰이는 전기를 최소한으로 줄이려는 노력의 하나다. 의사당 옥상에는 태양광 발전 설비가 갖추어져 있고, 지하에서는 식물을 연료로 쓰는 바이오디젤로 발전기를 돌린다. 이렇게 해서 의사당에서 사용하는 전체 전력의 80퍼센트 이상을 재생 에너지로 생산한다.

독일은 지난 2000년에 '재생가능에너지법'을 만들었다. 재생 에너지로 생산한 전기를 '발전차액지원제도'라는 정책 수단을 통해 상대적으로 비싸게 매입함으로써 재생 에너지 설비 투자를 지원하고 생산 비율을 높이자는 게 이 법의 골자다. 재생 에너지로 전기를 만드는 데 들어간 비용 가운데 일정한 액수를 법적으로 보전해 주는 것이다. 이에 힘입어 재생 에너지는 급속히 늘어난 반면 원자력발전 비중은 크게 줄었다. 2001년까지만 해도 전체 전기 생산량에서 원자력발전이 차지하는 비중은 30퍼센트, 재생 에너지는 6.6퍼센트였다. 하지만 2016년에는 원전 13퍼센트, 재생 에너지 30퍼센트로 바뀌었다. 나아가 재생 에너지 비중을 2020년 35퍼센트, 2050년에는 80퍼센트까지 높일 계획이다. 지난 2017년 4월 30일에는 재생 에너지로 만든 전기가 독일 전체에서 사용하는 전기의 무려 85퍼센트를 차지하기도 했다. 독일의 경험에서 보듯 발전차액지원제도는 가장 보편적이고 효과적인 재생 에너지 지원 정책이다. 2015년 말 기준으로 75개 나라에서 시행하고 있다. 우리나라에서는 이 제도가 2012년에 폐지됐다가 2018년에 '한국형 발전차액제도'라는 이름으로 다시 시행되고는 있으나 실제 내용에서는 많이 미흡한 편이다. 독일에 설치된 태양광 발전 설비 규모는 우리나라의 30배가 넘는다. 위도가 높아 햇빛이 내리

독일 국회의사당을 덮고 있는 거대한 유리 돔. 독일 의사당에서 사용하는 전체 전력의 80퍼센트 이상이 재생 에너지로 생산된다.

쬐는 시간이 우리나라의 65퍼센트에 불과한 독일 조건에서 이는 경이로운 성과가 아닐 수 없다. 독일은 에너지 수요를 엄격하게 관리하고 에너지 효율을 높이는 데에도 많은 힘을 쏟고 있다. 예를 들어 독일은 2020년까지 2001년에서 2005년 사이에 소비된 전력과 비교해 9퍼센트를 줄이겠다는 계획을 추진하고 있다. 해마다 에너지 소비가 늘어나는 우리나라와는 대조적이다.

독일에서 이런 일이 가능한 것은 재생 에너지를 확대하려는 정부의 강력한 정책과 일반 시민의 노력이 조화를 잘 이루기 때문이다. 특히 많은 시민의 자발적 참여가 핵심이다. 독일에서는 오래전부터 원전 반대 운동 등 환경운동이 활발했고, 이를 바탕으로 정치권에서도 녹색당과 같이 환경을 중시하는 정당이 확고한 자리를 차지하고 있다. 사회 전반에 형성돼 있는 환경 문제에 관한 높은 관심과 의식이 앞서가는 에너지 시스템의 원동력이 되고 있는 것이다.

재생 에너지 확대는 에너지 시스템 전환의 중요한 방법이다.

3. 에너지 시스템의 전환

하지만 재생 에너지가 '만병통치약'은 아닙니다. 재생 에너지만 널리 퍼지면 모든 문제가 해결되는 건 아니라는 거지요. 더욱 중요한 것은 오늘날 에너지를 지나치게 낭비하는 경제체제와 산업구조, 사람들의 생활방식 등을 근본적으로 바꾸는 일입니다. 이것이 전제되지 않으면 아무리 재생 에너지가 확대되어도 에너지 위기에서 벗어나기 어렵고, 원자력발전을 없애기도 힘듭니다. 사실 여러 선진국에서는 에너지 소비가 실제로 줄어들고 있습니다. 그러면서 동시에 재생 에너지 확대와 원자력발전 폐기를 강력하게 추진하고 있지요. 바로 이것이 우리가 실천해야 할 진정한 '에너지 시스템의 전환'입니다.

지금의 지배적인 경제는 대량 생산, 대량 소비, 대량 폐기라는 '끝없는 낭비의 악순환'을 바탕으로 해서 굴러가고 있습니다. 그 결과가 바로 오늘날 인류가 맞닥뜨리고 있는 전 지구적인 환경 위기, 에너지 위기, 경제 위기지요.

이제는 바꾸어야 합니다. 인류 생존과 지구 건강을 파괴하는 경제에서 벗어나야 합니다. 대신에 사람뿐만 아니라 모든 생명체의 생존과 삶의 토대인 자연의 소중함을 배려하는 동시에 에너지와 자원을 낭비하지 않는 새로운 경제로 나아가야 합니다. 이를 달리 표현하면 '자연과 인간의 조화로운 공존'을 추구하는 '지속가능한 경제'라고 할 수 있겠지요. 이에 대한 보다 상세한 얘기는 5부 〈지속가능한 지구_녹색 미래를 향하여〉에서 펼쳐집니다.

제1대 먹거리선거
1 GMO
식량 위기의
해결책

"행복한 공동체"
2 로컬푸드

3
고열량 빠른 먹거리
패스트푸드

4부
굶주리는 지구
먹거리를 바꿔야 세상이 바뀐다
먹거리의
세계화
4
맛있고 깨끗하고 공정한!
슬로푸드
5 수입농산물

먹거리는 세상을 이해하는 열쇠다

1장

1. 사람과 자연 사이의 연결 고리

사람은 먹지 않고 살 수 없습니다. 하지만 먹거리에 대해 진지하게 생각해 보는 사람은 그리 많지 않습니다. 아마도 어딜 가든 갖가지 먹거리가 산더미처럼 쌓여 있고, 돈만 주면 먹고 싶은 걸 맘껏 사 먹을 수 있어서 그런 듯합니다. 그래서인지 우리 대부분은 내가 지금 먹고 있는 것이 어디서, 누가, 어떻게 만든 것인지를 알지 못합니다. 어떤 과정과 경로를 거쳐서 내 입에 들어오게 되었는지도 잘 모릅니다.

이런 상황에서 우선은 먹거리에 담겨 있는 다양한 의미와 가치를 잘 이해하는 게 중요합니다. 먹거리란 게 단순히 생존을 위해 배를 채워 주고 영양분을 공급해 주는 데서 끝나는 건 아니니까요. 가만히 생각해 보면 먹거리는 아주 많은 것과 관계를 맺고 있고, 그것들과 다양한 영향을 주고받는다는 걸 알 수 있습니다. 한마디로 먹거리는 인간과 사회와 자연을 종합적으로 이해하는 열쇠이자, 오늘 우리가 몸담고 살아가는 현실을 다각도로 들여다볼 수 있는 창(窓)이라고 할 수 있습니다. 왜 그런지 한번 살펴볼까요?

먼저 먹거리는 사람과 자연을 서로 관계 맺게 해 주는 가장 일차적인 연결 고리입니다. 우리와 자연 사이의 아주 중요한 교류 방식이자 소통 방식이 바로 '먹는 행위'라는 얘기지요. 밥, 고기, 과일, 채소 등을 비롯해 우리가 먹는 모든 음식은 자연에서 온 것입니다. 이것들 모두 어김없이 땅에서 자라고, 물을 빨아들이고, 풀을 먹고, 햇빛을 받고 성장한 것들이니까요. 공장에서 만들어진 가공식품도 다르지 않습니다. 가공식품의 겉모습만 보면 자연의 흔적이 남아 있지 않지만, 가공식품을 만드는 데 쓰인 기본 원재료는 모두 자연에서 나온 것이니까요.

식물이든 동물이든 혹은 동식물을 가공한 것이든 모든 먹거리는 자연의 생명 활동으로 만들어진 것입니다. 그러므로 먹거리는 단순한 상품이 아니라 소중한 생명이라고 할 수 있습니다. 곧, 먹거리에는 자연의 섭리와 생명의 에너지가 듬뿍 담겨 있다는 거지요. 먹거리를 생산하는 농업도 마찬가지입니다. 곡식을 수확하려면 오랜 시간 땅을 갈고, 씨를 뿌리고, 작물을 보살피며 가꾸어야 합니다. 그래서 농사는 아무리 인간의 능력이 위대해지고 과학기술이 발전해도 근본적으로 자연이 도와주지 않으면 망칠 수밖에 없습니다. 예로부터 농업을 하늘과 땅과 사람, 곧 '천지인(天地人)'이 서로 협력해서 이루는 것이라고 한 이유가 여기에 있습니다. 농업은 자연과 인간이 만나는 일이고, 그 산물이 바로 먹거리입니다.

2. 먹거리를 보면 세상이 보인다

오늘날 세상은 겉모습만 얼핏 보면 아주 풍요로운 것 같지만 실상은 그렇지 않습니다. 지금 이 지구상에는 제대로 먹지 못해 죽어가거나 영양실조 같은 각종 질병에 시달리는 사람이 아주 많지요.* 문제는 먹거리 자체가 부족해서 이런 일이 벌어지는 게 아니라는 데 있습니다. 지금 이 지구상에는 120억 명이 먹고도 남을 양의 먹거리가 생산되고 있습니다. 2018년 현재 세계 인구가 75억 명이 넘으니 모든 세계 사람이 배불리 먹고도 한참이나 남는 양이지요.

이 문제를 조금 더 자세히 들여다볼까요? 브라질은 세계에서 곡

* **통계에** 따르면, 세계적으로 하루에 10만 명이, 5초에 한 명의 어린이가 제대로 먹지 못해 죽어 가고 있다. 또 70억 명이 넘는 세계 인구 가운데 굶주리거나 먹거리를 안정적으로 구할 수 없는 사람이 10억 명이 넘는다고 한다.

물을 가장 많이 수출하는 나라 가운데 하나입니다. 생산량만 보면 먹거리를 자급자족하고도 남지요. 그런데도 충분히 먹지 못해 영양 부족과 질병에 시달리는 사람이 수천만 명이나 됩니다. 반면에 인구의 불과 2퍼센트밖에 안 되는 극소수 부자들이 경작 가능한 나라 전체 땅의 절반 가까이를 차지하고 있습니다. 방글라데시는 모든 국민이 그런대로 먹을 수 있을 만큼 쌀을 생산하는 나라입니다. 하지만 이 나라 국민의 3분의1이 식량 부족으로 고생하고 있습니다. 사하라 사막 이남의 아프리카 여러 나라는 세계에서 굶주림이 가장 심한 곳입니다. 그런데도 이 나라들은 식량을 수출합니다. 1980년대 중반에 이곳에 극심한 가뭄이 닥쳤을 때조차 식량 생산량은 줄었지만 수출은 늘었습니다. 또한, 세계적으로 농촌에서 먹거리의 대부분이 생산되고 있음에도 정작 굶주리는 사람의 대다수는 농촌에 사는 이들입니다. 먹거리를 생산하는 사람이 먹거리를 구하지 못한다는 얘기지요. 이 모두 희한한 일이 아닐 수 없습니다.

자, 여기서 질문 하나를 던져 볼까요? 오늘날 전 세계에서 생산되는 곡물 가운데 사람이 먹는 것은 얼마나 될까요? 놀랍게도 절반밖에 되지 않습니다. 또 다른 질문입니다. 그럼 나머지 절반은 누가 먹을까요? 바로 가축과 자동차입니다. 이게 대체 무슨 얘기일까요?

옥수수를 예로 들어 설명해 보겠습니다. 옥수수는 여러 나라 사람들이 주식으로 먹는 중요한 곡물입니다. 그런데도 전 세계에서 생산되는 옥수수의 무려 4분의1을 소가 먹어치우고 있습니다. 소에게 먹이는 사료를 만드는 데 가장 많이 쓰이는 원료가 옥수수거든요. 옥수수는 자동차 연료로도 많이 쓰입니다. 최근 들어 자동차 연료로 쓰이는 석유를 대체하기 위한 바이오 연료 생산이 폭발적으로 늘고 있습니다. 한데 이것을 만드는 원료가 바로 곡물이고, 그 가운데 가장 큰 비중을 차지하는 게 옥수수입니다. 미국에서 생산되는 옥수수의 무려 40퍼센트가 바이오 연료를 만드는 데 쓰일 정도지요. 이에 반해 사람이 먹는 양은 미국 전체 옥수수의 11퍼센트에 불과합니다. 이것이 지금의 현실입니다. 자동차와 가축이 먹어치우는 그 많은 옥수수를 사람이 먹는다면 세계의 굶주림을 없애는 데 큰 도움이 될 텐데도 이런 일이 버젓이 벌어지고 있는 겁니다.

이처럼 먹거리와 관련해 납득하기 힘든 어처구니없는 일들이 세계 곳곳에서 벌어지고 있습니다. 먹거리를 현실 이해의 열쇠이자 이 세상의 참 모습을 들여다볼 수 있는 창이라 일컫는 이유가 여기에 있습니다. 그렇습니다. 먹거리를 보면 세상이 보이고, 그 세상을 살아가는 사람들의 삶이 보입니다. 먹거리에는 이 세상의 모순과 부조리, 우리 삶을 휘감고 있는 불의와 불평등이 깊이 아로새겨져 있습니다.

현대 먹거리의 그늘

2장

1. 먹거리의 산업화와 세계화

시간과 공간을 초월한 공장식 먹거리 생산

우리가 즐겨 먹는 먹거리에 담긴 모순과 부조리, 불의와 불평등을 이해하려면 먼저 현대사회로 접어들면서 먹거리에서 일어난 두 가지 큰 변화를 알아 두는 게 좋습니다.

현대 먹거리는 첫 번째로 '시간'을 잃어버렸습니다. 이전에는 농업이 기후나 사계절의 변화 같은 자연의 질서와 리듬에 맞추어 이루어졌기 때문에 특정 먹거리는 특정한 철에만 먹을 수 있었습니다. 하지만 요즘은 어떤 먹거리든 사시사철 아무 때나 생산됩니다.

그러니 시간을 잃어버렸다는 건 결국 자연을 잃어버렸다는 것과 같은 얘기인 셈이지요. 두 번째로 '공간'도 잃어버렸습니다. 오늘날 먹거리는 대부분 자기가 사는 지역에서 생산된 것이 아닙니다. 옛날에는 먹거리와 그것을 먹는 사람, 그리고 먹거리를 생산하는 농업이 서로 가까운 거리 안에서 밀접하게 연결되어 있었습니다. 하지만 세계화 시대인 요즘은 대륙과 대양을 넘어 수천, 수만 킬로미터나 떨어진 곳에서 생산돼 건너온 먹거리들이 수두룩하지요.

먹거리에 이런 변화를 몰고 온 주인공이 바로 산업화와 세계화입니다. 먹거리 산업화가 시작된 것은 19세기 들어 산업혁명이 본격화하면서 새롭게 발달한 여러 공업기술을 먹거리를 만드는 데 적용하면서부터입니다. 통조림과 같은 저장 기술, 식용유와 유제품을 만드는 기술, 고기류 가공 기술, 곡물 제분 기술 등이 대표적이지요. 여기에다 새로운 화학적 식품 첨가물이 속속 개발되면서 먹거리 산업화가 더욱 빨라졌습니다. 그에 힘입어 다양한 가공식품이 선을 보였고요. 나아가 냉장 기술과 냉동 기술이 더욱 발전하고 철도, 증기선, 냉장 트럭 같은 수송수단이 급속도로 퍼지면서 먹거리를 전 세계로 실어 나를 수 있게 되었습니다.*

* 이 시기에 등장한 컨테이너도 먹거리 산업화에 큰 구실을 했다. 규격과 용량 등이 표준화된 컨테이너를 이용하면 많은 제품을 손쉽게 싣고 옮기고 내릴 수 있기 때문이다. 컨테이너는 비용, 속도, 효율, 편리성 등 여러 측면에서 먹거리 운송에 큰 변화를 일으켰다.

거대한 먹거리 산업이 탄생한 것은 이런 흐름의 필연적인 결과입니다. 거대 설비와 기계장치, 운송수단 등을 갖추고서 먹거리로 큰 돈을 버는 기업이 나타나게 된 거지요. 그 결과 가공식품을 비롯한 갖가지 산업화된 먹거리가 시장에 대량으로 쏟아져 나오고 전 세계적으로 유통되기 시작했습니다. 바야흐로 먹거리의 산업화와 세계화가 서로 결합되면서 동시에 진행되기 시작한 겁니다.

먹거리의 이런 산업화 과정은 농업의 산업화 과정, 곧 '산업형 농업'이 등장하고 널리 퍼지는 과정과 짝을 이루고 있습니다. 산업형 농업은 한마디로 효율성과 생산성을 가장 중요하게 여기는 농업 방식입니다. 그래서 이제 농산물을 상품으로 내다 팔아 최대한 이윤을 많이 남기는 것, 곧 돈을 많이 버는 것이 농사를 짓는 가장 큰 목적이 되었습니다.

먹거리 공장에서 자연은 원료, 사람은 도구

이를 위해 산업형 농업에서는 공업의 원리를 농업에 적용합니다. 그 결과 농토는 거대한 공장으로 여겨집니다. 또한 일정한 조건과 환경이 갖추어진 공장에서 일정한 원료와 노동력을 투입해 똑같은 물건을 대량으로 찍어 내는 공장의 생산방식으로 먹거리를 생산하게 됩니다. 그래서 지금의 농업은 마치 광물을 채굴하듯이 땅에서 오로지 농산물이라는 상품을 최대한 많이 뽑아내는 것을 가장 큰 과제로 삼습니다. 동물 또한 고기를 생산하는 기계 부품 같은 것으로 여기지요. 이런 시스템 아래에서 자연은 생산을 위한 '원료'의 제공자일 뿐이며, 사람 또한 노동력을 대 주는 생산의 '도구'일 뿐입니다.

그러다 보니 생산방식도 획일화되고 표준화됩니다. 그래야 대규모로 경작하기도 쉽고, 또 면적당 농사 비용을 줄일 수 있으니까요. 그 결과 여러 작물을 다양하게 재배하는 것이 아니라 하나의 작물을 집중적으로 재배하는 것이 훨씬 유리해집니다. 이것을 흔히 단일 작물 재배, 줄여서 단작(單作) 재배라 부르지요. 하지만 단작은 병충해가 한번 덮치면 큰 피해를 보기 때문에 농약 같은 화학물질을 대량으로 사용하지 않을 수 없습니다. 또 땅이 점점 더 소수 사람이나 기업의 손에 집중됩니다. 결국 농사 규모가 커야만 경쟁에서 이길 수 있게 되는 거지요.

그러면서 농업도 자연의 제약, 곧 기후나 사계절의 변화 같은 것에 구애받지 않게 되었습니다. 다양한 농업 기술의 발전, 갖가지 에너지원과 비닐하우스 같은 보온 재료의 활용, 각종 기계와 화학물질 사용으로 온갖 농작물을 사시사철 아무 때나 생산할 수 있게 되었습니다. 또한 건조, 통조림 보관, 냉동, 방사선 쐬기, 유전자 조작 등과 같은 방법으로 농작물을 성장시키고 보관하고 부패를 막는 과정 전반을 관리하고 통제할 수 있게 되었습니다.

농산물 시장 개방과 자유무역의 흐름

이처럼 농업 생산이 산업화되고 규모가 커진 결과로 이루어진 것이 농업의 세계화입니다. 즉, 이전과 달리 농산물의 생산과 유통과 소비가 전 세계를 무대로 하여 펼쳐지게 된 거지요. 이런 흐름은 특히 식량 생산량이 급속하게 늘어나면서 더욱 빨라졌습니다. 2차 세계대전 이후 서구 선진국들은 자기 나라 농업을 대대적으로 키우고 농업 기술을 발달시키면서 농업 생산량을 크게 늘렸습니다. 그러면서 점차 남아도는 식량을 다른 나라로 최대한 많이 수출할 방도를 찾게 되었습니다. 그 결과 나타난 것이 바로 농산물 시장 개방과 자유무역이라는 흐름입니다.

급기야 이를 위한 새로운 국제 협상이 진행되고 그에 따른 기구마저 만들어졌지요. 지난 1993년에 타결된 우루과이라운드 협상**과, 이에 따라 1995년에 만들어진 세계무역기구(WTO)***가 바로 그것입니다. 특히 세계무역기구는 농산물뿐만 아니라 모든 상품과 서

** 1986년부터 1993년에 걸쳐 세계 여러 나라 사이에 이루어진 8차례의 무역 협상을 말한다. 진행될 당시 21세기를 앞두고 세계 무역 질서와 규범을 새롭게 짬으로써 세계 무역을 전반적으로 확대하자는 게 목적이었다.

*** 우루과이라운드 협상 타결에 따라 국제무역 확대, 회원국 사이의 무역 관련 분쟁 해결 등을 목적으로 내세워 설립된 국제기구. 공식 영문 명칭은 'World Trade Organization'이며, 2012년 기준으로 154개 나라가 회원국으로 참여하고 있다. 오늘날 전 지구적인 세계화 경제를 이끄는 주역 가운데 하나로서, 무역 증대와 경제성장 등의 명분 아래 자본과 기업의 이익을 대변하는 데 충실한 기구라고 할 수 있다.

비스의 전면적인 시장 개방과 전 세계 차원의 자유무역을 추진하고 있습니다. 게다가 요즘 우리나라를 비롯해 여러 나라가 맺고 있는 '자유무역협정(FTA)'****도 이런 흐름에 크게 한몫하고 있지요.

농업은 본디 한 나라의 생존을 좌우하는 것이어서 나라 차원에서 적극적으로 보호하는 게 좋습니다. 그럼에도 오늘날 농산물 시장 개방과 자유무역은 거스를 수 없는 큰 흐름이 되어 버렸습니다. 하지만 산업화와 세계화로 요약되는 농업과 먹거리의 이러한 변화는 다음에서 살펴볼 수많은 문제를 낳고 있습니다.

**** 나라 간 상품과 서비스 등의 자유로운 이동을 위해 모든 무역 장벽을 제거하는 협정. 일반적으로 'Free Trade Agreement'의 영문 머리글자를 딴 FTA라는 약칭을 쓴다.

"더 알아볼 이야기"

'푸드 마일' 이야기

'푸드 마일(food mile)'이란 먹거리가 생산된 곳에서 소비되는 곳까지 이동한 거리를 말한다. 요즘은 세계화 경제 아래서 먹거리가 전 세계를 옮겨 다니는 탓에 푸드 마일이 아주 길다. 이를테면 우리나라 사람이 즐겨 먹는 중국산 양파, 당근, 마늘, 생강 등은 910킬로미터, 오스트레일리아(호주)산 쇠고기와 양배추는 8300킬로미터, 미국산 오렌지는 9600킬로미터, 노르웨이산 연어는 8200킬로미터, 지구 반대쪽의 칠레산 포도는 무려 2만 300킬로미터를 이동해서 우리나라로 온다. 조사 결과에 따르면 우리나라 사람이 즐겨 찾는 수입 식품 19가지의 이동거리를 모두 합하면 11만 킬로미터가 넘는다고 한다.

이처럼 먼 거리를 이동하니 먹거리가 일으키는 에너지 낭비와 환경 파괴가 엄청날 수밖에 없다. 예컨대, 미국 서부 캘리포니아에서 재배한 상추가 5000킬로미터 떨어진 동쪽의 워싱턴까지 이동할 경우 그 상추가 에너지로 제공하는 것보다 30배가 넘는 화석연료 에너지를, 만약 그 상추가 대서양을 건너 영국 런던까지 갈 경우는 무려 120배가 넘는 에너지를 소비한다고 한다.

오늘날 농업에 사용되는 전체 화석연료 가운데 10퍼센트만 식량 생산에 쓰이고, 나머지 90퍼센트는 생산과 직접적인 상관이 없는 운송, 포장, 광고, 판매 등에 쓰이고 있다는 연구 결과가 있을 정도다. 그래서 나온 게 이 책 3부 〈바닥나는 지구_에너지 위기와 석유 문명의 종말〉에서 설명한 '석유 농업'이라는 말이다.

2. 세계 먹거리의 지배자, 거대 다국적 기업

먹거리 시스템의 막강한 조종자, 기업

'먹거리 시스템'이란 말이 있습니다. 생산, 가공, 유통, 소비, 폐기 등 먹거리를 둘러싼 모든 과정과 물질적인 토대, 그리고 이것들이 얽혀 있는 구조나 작동하는 체계 전체를 가리키는 말이지요. 그런데 오늘날 전 세계의 이 먹거리 시스템을 쥐락펴락하며 지배하고 있는 것은 다국적 기업*****입니다. 먹거리의 산업화와 세계화가 낳은 가장 심각한 문제가 바로 이것이라고 할 수 있지요. 자, 한번 들여다볼까요?

농업이나 먹거리에 관련된 다국적 기업은 크게 세 종류로 나눌 수 있습니다. 첫 번째는 밀이나 쌀이나 옥수수와 같은 곡물을 저장하고 운송하고 무역을 함으로써 세계 곡물 시장을 지배하는 곡물 기업이고, 두 번째는 종자, 농약, 비료, 농기계, 농사 자재 등을 만들어 파는 농기업입니다.****** 그리고 세 번째는 우리가 일상에서 소비하는 수많은 식품을 가공, 유통, 판매하고 식품 서비스업을 운영하는 식품 기업입니다.

***** 다국적 기업이란 본사는 선진국에 있으면서 세계 수많은 나라에 지사를 두고 전 지구적인 규모와 범위로 활동하는 거대 기업 집단을 말한다. 복수의 여러 나라에 국적을 둔 회사를 운영하기 때문에 '다(多)국적'이란 표현이 붙었다. 국가의 경계를 뛰어넘어 활동하는 것을 강조하는 뜻으로 '초(超)국적 기업'이라 부르기도 한다.

****** 세계적 거대 곡물 기업으로는 카길, ADM, 루이 드레퓌스, 벙기 등이 손꼽힌다. 이들 기업을 흔히 '4대 곡물 메이저'라 부르는데, 선두주자는 단연 카길이다. 세계적 농기업의 대표주자로는 바이엘, 다우듀폰, 켐차이나(중국화공그룹) 등을 꼽을 수 있다.

******* 특히 미국 기업인 카길은 미국 전체 곡물 수출량의 4분의1, 미국 전체 육류 유통량의 4분의1을 차지한다. 우리나라 전체 곡물 수입량의 40퍼센트를 담당하고 있기도 하다.

그럼, 이들 기업은 세계 먹거리 시장을 어떻게 지배하고 있을까요? 먼저 지적할 것은 몇 개의 곡물 메이저가 세계 전체 곡물 무역량의 80퍼센트를 차지하고 있다는 점입니다. 우리나라 곡물 수입량의 60퍼센트도 이들을 통해 이루어지고 있습니다.******* 식품 산업의 경우는 30개 정도의 거대 식품 기업이 전 세계 식료품 판매의 3분의 1을 차지하고 있습니다. 종자, 곧 씨앗과 농약도 마찬가지입니다. 상위 3개 거대 기업이 세계 전체 종자 시장과 농약 시장의 60~70퍼센트를 지배하고 있지요. 곡물 메이저들은 이렇게 세계 시장을 지배하고 통제하는 막강한 힘으로 엄청난 돈을 손쉽게 긁어모으고 있습니다.

곡물 메이저들은 곡물뿐만 아니라 사료, 육류, 식용유, 바이오 연료, 비료, 농업 금융 등으로 급속히 사업 영역을 넓히고 있습니다. 주로 농약이나 비료를 취급하던 농기업들도 종자, 유전자 조작 기술, 가축한테 쓰는 약품(성장 호르몬, 항생제 따위) 등으로 사업을 넓히고 있습니다. 최근에는 곡물 메이저와 농기업이 서로 손을 잡는 방향으로 나아가고 있습니다. 서로의 약점이나 부족한 점을 채워 주면서 이익을 더 많이 챙기려는 거지요. 또 먹거리의 출발점인 종자에서 종점인 식탁에 이르기까지 먹거리의 모든 과정을 보다 완벽하게 장악하려는 것이고요. 이들의 뒤를 튼튼하게 받쳐 주는 것이 방금 얘기한 우루과이라운드와 세계무역기구입니다. 사실 우루과이라운드 협상은 '카길 협상'이라고 할 수 있습니다. 이 협상의 초안을 만든 사람이 바로 카길에서 높은 자리에 있었던 '카길 사람'이었으니까요. 그 결과 전 세계의 농업과 먹거리 시장은 거대 다국적 기업의 '놀이터'이자 '장난감'이 되고 말았습니다.

피해자로 전락한 농민과 소비자

이와는 반대로 농민과 소비자는 큰 피해를 보고 있습니다. 농민은 종자부터 농약, 비료, 농기계, 수확물의 가공과 판매 등을 모두 기업에 의존하는 탓에 독립성과 자율성을 잃었습니다. 그 결과 농사로 생기는 이익 가운데 생산자인 농민에게 돌아가는 몫은 아주 작습니다. 반면에 이익의 대부분을 챙기는 건 농산물의 가공, 운송, 유통을 비롯해 먹거리의 맨 처음 생산 단계부터 마지막 소비 단계에 이르는 모든 과정을 장악하고 있는 거대 기업들입니다. 막강한 자본력과 영향력을 바탕으로 종자에서부터 작물의 재배 방식과 판매 방법에 이르기까지 농사의 '모든 것'을 결정하는 게 바로 이들이지요. 기업의 가장 큰 목적은 이윤 극대화, 즉 돈을 최대한 많이 버는 것입니다. 농민이나 농업이 어떻게 되는지는 그들의 관심사가 아닙니다.

그렇다고 도시 소비자는 이득을 볼까요? 소비자도 피해자이긴 마찬가지입니다. 지금의 세계 먹거리 시스템은 소비자를 갈수록 먹거리의 원천으로부터 떼어 놓고 그 거리를 멀어지게 만듭니다. 소비자는 자신이 먹는 먹거리를 통제하거나 관리할 수 없습니다. 좋든 싫든 그저 거대 기업이 만들어 파는, 그렇게 시장에서 주어지는 먹거리를 사 먹어야 합니다. 무력하고 수동적인 단순 소비자에 불과하다는 거지요.

이처럼 생산자와 소비자를 막론하고 우리 모두는 세계 먹거리 시스템의 지배자인 극소수 거대 기업에 지나치게 종속되어 있습니다. 동시에 농업과 먹거리에서 생겨나는 부(富)의 대부분을 이들 기업이 휩쓸어 가고 있습니다. 결국, 오늘날 우리를 둘러싸고 있는 먹거리 시스템은 세계적 차원에서 민주주의와 정의를 파괴하면서 만들어지고 성장해 온 셈이지요. 거듭 강조하지만, 현대 먹거리가 드리우는 가장 크고 짙은 그늘이 바로 이것입니다.

3. 식량은 넘치는데 왜 굶주리는 사람이 많을까?

신자유주의의 그늘

먹거리 자체는 풍요로운데도 굶주리는 사람이 사라지지 않는 근본적인 원인 또한 이런 세계 경제 구조와 먹거리 시스템에 있습니다. 기억해야 할 것은 지금의 이런 세계 경제를 지배하는 것이 앞서 말한 세계화라는 사실입니다. 세계화란 말 그대로 세계 전체가 하나의 틀로 묶이는 현상을 가리킵니다. 나라들 사이의 경계가 흐릿해지고 특히 경제 분야를 중심으로 세계 전체가 하나로 통합돼 간다는 거지요. 그리하여 오늘날 경제는 한 나라에 국한되는 게 아니라 시장이라는 하나의 그물망으로 온 세계와 연결되고 결합되었습니다. 그리고 이 과정에서 가장 큰 힘을 갖게 된 것은 세계 전체를 시장으로 삼아 큰돈을 벌어들이는 거대 다국적 기업입니다.

이들 기업이 주도하는 세계화 경제는 무한 경쟁과 자유무역을 지향합니다. 그래서 기업들은 국가의 간섭을 반대하면서 자신들의 활동에 방해가 되는 거추장스러운 법, 제도, 규제 정책 같은 것들을 없애거나 완화하라고 요구합니다. 자신들에게 최대한 자유로운 활동을 보장해 주어야 경제가 성장하고 무역도 늘어날 거라는 주장이지요. 이런 식의 논리를 흔히 '신자유주의'라 부릅니다. 하지만 이것은 '강한 자'에게 유리합니다. '자유로운 경쟁'의 결과는 뭘까요? 이를테면 유치원생과 대학생을 똑같은 출발선에 놓고 '자유롭게' 달리

1069
신 자 유 주 의
1084

기 경주를 시키면 어떻게 될까요? 결과는 불을 보듯 빤합니다. 지금의 신자유주의 세계화 경제는 이런 식의 경쟁을 벌이자고 주장합니다.

부족한 것은 먹거리가 아니라 민주주의와 정의다

세계화 경제의 핵심 가운데 하나인 자유무역만 봐도 그렇습니다. 먹거리 분야에서 자유무역의 문제점을 생생하게 보여 주는 건 '상품작물'입니다. 아시아, 아프리카, 라틴아메리카 곳곳에 있는 거대 농장, 즉 플랜테이션에서는 수출하기 위한 상품작물(상품작물은 팔아서 돈을 벌려고 재배하는 것이어서 '돈으로 바꾸는 작물'이란 뜻의 '환금(換金)작물'이라 부르기도 한다)을 재배하고 있습니다. 상품작물은 수출이 목적인 탓에 가난한 나라 현지에서는 거의 유통되지 않습니다. 수출로 생기는 이익 또한 대부분 선진국 기업의 본사로 보내지며 지역 현지로는 돌아가지 않습니다.

대표적인 상품작물로는 커피, 차, 코코아, 사탕수수, 바나나, 파인애플, 담배, 고무 등을 꼽을 수 있습니다. 대체로 이런 것들은 팔아서 돈을 버는 데 쓰일 뿐 사람들에게 꼭 필요한 주식 곡물은 아닙니다. 그러니 가난한 나라에서는 자기 나라 사람들에게 필요한 농작물을 외국에서 수입해야 합니다. 자기들이 먹을 식량을 자기 땅에서 생산하면 굶주리지 않아도 될 텐데, 수출만을 위한 농작물을 생산하고 정작 자기들이 먹을 것은 수입하고 있는 거지요. 그런데 가난한 나라들은 식량을 살 돈이 넉넉하지 않으니 식량이 부족할 수밖에 없습니다. 또 식량 수입에 많은 돈을 써야 하니 경제 발전이나 복지 쪽으로는 신경을 쓰기 어렵습니다. 빈곤의 악순환이 계속될 수밖에 없는 구조인 거지요. 상품작물을 '가난의 덫'이라 부르는 이유가 여기에 있습니다.

앞에서 잠깐 언급한 바이오 연료도 맥락이 비슷합니다. 예를 들어 야자유(팜유)는 바이오 연료의 원료로는 물론 온갖 가공식품과 화장품, 비누, 샴푸 등을 만들 때에도 사용됩니다. 최근 이 야자유 수요가 세계적으로 크게 늘면서 야자유를 만들어 내는 기름야자나무 플랜테이션도 아주 빠르게 확장되고 있지요. 그런데 기름야자나무 플랜테이션이 가장 많이 들어서고 있는 곳은 보르네오 섬을 비롯한 동남아시아 열대우림 지역입니다. 문제는 서구 거대 기업이 주도하는 플랜테이션 개발이 아주 일방적이고 폭력적인 방식으로 이루어진다는 사실입니다. 함부로 숲을 베어 버리는 것은 물론 원주민 마을들을 불도저로 밀어 버리기도 하지요. 오로지 외국에 내다 팔 목적으로만 재배하는 상품작물 탓에 가난한 나라 사람들의 생존과 그들이 삶의 터전으로 삼는 자연이 동시에 유린당하고 있는 겁니다.*********

이것은 아시아, 아프리카, 라틴아메리카의 많은 나라가 과거 식민지 시절부터 겪어 온 일입니다. 서구 강대국은 당시 식민지 농민

******** 바이오 연료는 환경도 크게 파괴한다. 바이오 연료의 원료 가운데 하나인 사탕수수를 대규모로 재배하느라 세계에서 가장 울창한 열대우림 지대인 남미 아마존 유역이 마구잡이로 파괴되는 게 대표적 사례다. 세계 3대 열대우림 가운데 하나로 꼽히는 동남아시아 보르네오 섬 일대도 마찬가지다. 그 탓에 이런 열대우림이 공급하는 지구의 산소가 크게 줄어들고 지구 온난화도 더 심각해지고 있다. 생물 다양성도 빠르게 훼손되고 있다.

에게 자기 나라가 필요로 하는 농작물을 경작하도록 강제했습니다. 그 바람에 자급자족하며 평화롭게 살던 식민지 농민의 생활은 파괴되고 말았습니다. 그래서 자급자족할 수 있는 능력이 있음에도 식량을 외국에서 수입할 수밖에 없는 처지로 내몰리게 되었지요.*********

정리하면, 먹거리 자체는 충분한데도 굶주리는 사람을 끊임없이 만들어 내는 주범은 먹거리의 공정한 분배를 구조적으로 가로막고 있는 잘못된 세계 먹거리 시스템입니다. 극소수 강자가 대다수 약자를 가난과 고통의 수렁으로 몰아넣으면서 이 세상에서 생산된 부의 대부분을 빼앗아 가는 잘못된 세계 경제체제가 문제의 근원이자

열대우림 생태계는 산업용 플랜테이션으로 빠르게 대체되고 있다. 이러한 변화는 풍요로운 재화를 공급하고 있지만, 생태계가 제공하는 중대한 이점은 망가뜨린다. 사진은 왼쪽부터 차례로, 세계에서 가장 다양한 종들이 살고 있는 동남아시아 보르네오 섬의 숲(1)과 기름야자나무 플랜테이션으로 바뀌는 동일한 숲(2), 그리고 그 과정에서 발생하는 파괴적인 변화의 결과물(3)을 보여 준다.

********* 이런 제국주의의 역사는 지금도 계속되고 있다. '제국주의'란 남의 땅을 침략해 그곳의 부와 자원을 빼앗고 식민지 주민을 착취하는 것을 가리킨다. 오늘날 아시아, 아프리카, 라틴아메리카 등의 고질적인 빈곤의 뿌리가 바로 이 서구 강대국들의 제국주의 침략이다. 그 결과 이들 지역의 수많은 나라는 독자적인 발전의 길이 가로막힌 채 빈곤의 악순환에 빠질 수밖에 없었다. 지금도 이들 지역의 각종 자원과 생산물이 서구 강대국으로 부당하게 빠져나가는 경우가 아주 많고, 이런 현상은 거대 기업이 주도하는 신자유주의 세계화 경제체제 아래서 더욱 깊어지고 있다. 어느 아프리카 작가는 이런 현실을 비꼬며 "식민지 정책이란 아프리카에서 아프리카 사람들이 소비하지 않는 것을 생산하게 하고, 아프리카에서 생산하지 않는 것을 아프리카 사람들이 소비하게 만드는 것"이라고 날카롭게 지적했다.

핵심이라는 얘기지요. 그러므로 부족한 것은 먹거리가 아닙니다. 진정으로 부족한 것은 가장 중요한 기본권인 먹을 권리를 모든 사람에게 공정하고 평등하게 보장해 줄 민주주의와 정의입니다.

고기에 얽힌 현대 축산업 이야기

축산업 또한 현대 먹거리의 문제점을 잘 보여 준다. 산업화된 현대의 공장식 축산 시스템에서 동물은 살아 있는 생명체가 아니라 물건을 만들 때 쓰이는 원료나 기계 부품 같은 것으로 취급된다. 그래서 동물을 기르는 과정이나 죽이는 과정에서 동물 학대가 자주 일어난다. 돈벌이가 목적인 탓에 최소한의 좁은 공간에 최대한 많은 수의 동물을 가두어 밀집 사육하고, 또 최대한 빠른 시간 안에 최대한 많이 죽여야 하기 때문이다. 이를테면 달걀을 낳는 닭의 경우, 닭 한 마리에게 평생 주어지는 공간이 몸을 뒤척이기도 힘든 A4 용지 한 장 크기도 채 되지 않는다.

피해를 보는 건 사람도 마찬가지다. 광우병, 조류 인플루엔자, 구제역 같은 가축 전염병이 대표적이다. 많은 전문가들은 이들 전염병이 발생하는 근본 원인이 밀집 사육을 비롯한 동물 학대에 있다고 지적한다. 더구나 현대 축산업에서는 동물에게 성장촉진제, 항생제, 호르몬, 영양제 등을 지나치게 많이 사용한다. 우리나라는 가축 항생제 사용량이 세계 1위로 꼽힐 만큼 그 정도가 심하다. 이런 것들은 동물은 물론 그 동물의 고기를 먹는 사람 건강도 해친다. 또한 공장식 축산업은 대개 대규모여서 가축 배설물이 아주 많이 나온다. 이는 주변 환경을 오염시키고, 사람에게도 나쁜 영향을 미친다. 화석연료 소비도 엄청나다. 특히 소와 같은 반추동물이 트림이나 방귀 등으로 배출하는 메탄과, 가축 배설물에서 나오는 아산화질소는 지구 온난화를 악화시키는 주범 가운데 하나로 꼽힌다.

가축 사료에 쓰는 곡물을 대규모로 집중 재배하는 것도 문제다. 화학비료와 농약, 농기계를 지나치게 많이 사용하는 탓이다. 뿐만 아니라 전 세계적으로 경작 가능한 땅 가운데 무려 3분의1이 가축 사료용 작물 생산에 이용되고 있다고 한다. 그래서 오늘날의 공장식 산업 축산을 일컬어 '환경 재난'이라고 부르는 사람도 있다. 엄청난 양의 곡물이 가축 사료로 쓰이는 바람에 정작 사람이 먹어야 할 곡물은 부족해지는 것도 큰 문제다. 예를 들어 쇠고기 1킬로그램을 생산하려면 사료 곡물이 20킬로그램이나 필요하고, 돼지고기 1킬로그램에는 곡물 7킬로그램, 닭이나 오리 같은 가금류 고기 1킬로그램에는 곡물 3.5킬로그램이 필요하다고 한다. 현대 축산업은 인간과 동물의 관계를 압축해서 보여 줄 뿐만 아니라 환경 문제, 에너지 문제, 기아 문제, 건강 문제 등과도 깊은 관계를 맺고 있다.

'좋은 먹거리'를 찾아서

3장

1. 나쁜 먹거리의 대명사, 유전자 조작 먹거리(GMO)

우리 일상생활에 깊숙이 파고든 GMO

자, 그렇다면 '좋은 먹거리'란 뭘까요? 이것을 알아보기 전에 먼저 '유전자 조작 먹거리(GMO: Genetically Modified Organism)'부터 살펴보겠습니다. 오늘날 '나쁜 먹거리'의 대명사 가운데 첫손가락에 꼽히는 게 GMO이기 때문입니다.

유전자 조작 기술이란 어떤 생물의 특정한 성질을 지닌 유전자만 따로 떼어 낸 뒤, 그것을 전혀 다른 종의 생물 유전자에 집어넣어 그 특성을 나타나게 만드는 것을 말합니다. 그러니까, 유전자를 인위적으로 조작하여 자연 상태에서는 존재하지 않는 특정한 성질을 지닌 새로운 생명체를 탄생시키는 거지요. 이런 방식으로 만든 작물이나 식품을 통틀어 유전자 조작 먹거리라고 합니다. 간편하게 영어 약자인 GMO라는 표현을 쓰지요.

GMO가 처음 개발된 것은 1983년입니다. 본격적으로 재배되기 시작한 건 1996년 무렵부터고요. 지금까지 GMO는 대체로 제초제나 살충제에 저항성을 갖도록 만들어져 왔습니다. 다시 말해 독한 제초제나 살충제를 뿌려도 농작물은 별다른 피해를 보지 않고 잡초나 해충만 없애도록 농작물 유전자를 조작했다는 거지요. 콩, 옥수수, 면화, 카놀라(개량된 서양 유채의 일종) 등을 그렇게 개발해 왔습니다. 또는 수확량을 크게 늘린 품종이나, 특정 영양분이 포함된 품종을 개발하기도 합니다. 오늘날 GMO 재배 면적은 전 세계 농작물 재배 면적의 10퍼센트에 이릅니다. 주요 품목은 콩, 옥수수, 면화, 카놀라, 파파야, 사탕무 등이고요. 특히 콩과 면화의 GMO 비율은 전체 재배 면적의 81퍼센트에 이르고, 옥수수와 카놀라의 GMO 재배 면적도 각각 전체의 35퍼센트와 30퍼센트를 차지하지요.*

우리나라도 지난 2008년에 가공식품의 원료로 쓰이는 식용 유전

* GMO를 세계에서 가장 많이 생산하는 나라는 단연 미국이다. 전 세계 GMO의 3분의2에서 4분의3 정도를 생산하는 것으로 알려져 있다. 그 외에 브라질, 아르헨티나, 중국, 파라과이, 남아프리카공화국 같은 나라들도 GMO를 많이 생산하는 편이다. 하지만 요즘은 먹거리를 포함한 모든 상품이 세계 곳곳을 자유롭게 오가는 탓에 전 세계 수많은 사람이 GMO 영향 아래 있다고 할 수 있다.

자 조작 옥수수 5만 톤을 수입한 이래 GMO 수입량이 빠르게 늘어나고 있습니다. 그 결과 오늘날 우리나라는 세계에서도 GMO 수입량이 아주 많은 나라로 손꼽히고 있습니다. 특히 우리나라 축산 사료 가운데 상당한 양이 미국에서 수입한 옥수수로 만들어지는데, 이것의 대부분이 GMO입니다. GMO 사료를 먹은 동물의 고기를 우리가 먹고 있는 셈이지요. 뿐만 아니라 식용유, 전분, 식품 첨가물 등에도 GMO가 많이 사용되고 있습니다. 사실 우리가 사 먹는 대부분의 가공식품에 GMO가 사용되고 있다고 해도 지나친 말이 아닙니다.

GMO가 식량 위기의 해결책?

이 GMO를 만들어 낸 주역은 거대 기업들입니다. 유전자 조작 같은 첨단 기술을 개발하려면 엄청난 돈을 쏟아부어야 하는데, 이런 일을 할 수 있는 곳은 거대 기업밖에 없기 때문이지요. 여기서 중요한 질문을 하나 던질 수 있습니다. 거대 기업들이 GMO를 개발한 진짜 목적은 뭘까요? 이들은 GMO야말로 식량 위기의 해결책이라고 대대적으로 선전합니다. 하지만 속셈은 다른 데 있습니다. 바로 돈벌이입니다. 이것을 잘 보여 주는 게 '트레이터(traitor) 기술'과 '터미네이터(terminator) 기술'이라는 겁니다.

트레이터 기술이란 자기 회사에서 만든 농약을 써야만 싹이 트도록 하는 걸 말합니다. 그래서 다른 회사의 농약을 쓰면 그 씨앗은 죽고 맙니다. 결국 씨앗과 농약을 한 세트로 살 수밖에 없도록 만든 거지요. 터미네이터 기술이란 번식을 맡는 유전자를 없애거나 바꾸는 걸 가리킵니다. 즉, 그 작물을 키워서 얻은 씨앗이 싹을 틔우지 못하도록 만든다는 거지요. 이렇게 하는 이유는 농민들이 같은 작물을 재배하려면 다시 돈을 주고 그 작물의 씨앗을 살 수밖에 없도록 만들기 위해서입니다. 그러니 농민은 '울며 겨자 먹기'로 거대 기업의 씨앗과 농약을 계속 살 수밖에 없습니다. 대신에 기업들은 아주 손쉽게 돈을 벌게 되고요.

GMO 기업들은 '특허'라는 제도를 통해서도 큰 이익을 남깁니다. 특허란 새로운 발명품이나 기술을 개발한 기업이나 개인이 그것에 대한 권리를 독점적으로 행사할 수 있는 법적인 자격을 말합니다. 그래서 특허를 통해 남들이 자신의 발명품을 마음대로 사용하지 못하게 막을 수도 있고, 일정한 사용료를 받고 자신의 발명품을 사용하도록 허락함으로써 가만히 앉아서도 큰돈을 벌어들일 수 있습니다. 이런 방법으로 거대 기업들은 자신이 개발한 GMO에 대해 특허를 낸 뒤 막대한 이익을 챙깁니다. 한마디로 이들 기업에게 GMO는 '황금알을 낳는 거위'라고 할 수 있지요.

다국적 생화학 제조업체 몬산토에 반대하며 유기농 씨앗을 선택할 자유를 외치는 시위대. (2013, 미국)

GMO는 왜 위험할까?

오늘날 이런 GMO를 반대하는 움직임이 갈수록 거세지고 있습니다. 예상치 못한 위험한 일이나 부작용이 발생할 가능성이 대단히 높은 탓입니다.

첫째, GMO는 사람 몸에 나쁜 영향을 미칠 수 있습니다. GMO는 불과 20~30년 정도 전에 개발된 '신상품'입니다. 그래서 GMO는 아직까지 안전성이 제대로 검증되지 않았습니다. 여러 연구 결과들은 GMO를 먹었을 때 알레르기, 암, 독성 중독 등과 같은 문제가 생길 수 있다는 증거들을 보여 주고 있습니다.

둘째, GMO는 환경에 나쁜 영향을 미칠 가능성이 아주 높습니다. GMO는 얼마든지 야생의 자연으로 퍼져 나가 기존 생태계에 큰 피해와 혼란을 일으키기 쉽습니다.** 동물도 다르지 않습니다. 예컨대 야생의 것보다 몸집도 몇 배나 크고 먹이도 몇 배나 많이 먹어치우는 유전자 조작 물고기가 강이나 바다로 퍼진다면 어떻게 될까요?

** GMO의 생태계 파괴를 상징하는 용어 가운데 '슈퍼 잡초'라는 게 있다. 여기, 제초제 저항성을 지니도록 유전자 조작된 옥수수가 있다고 하자. 제초제를 뿌리면 이 옥수수는 멀쩡하고 다른 잡초는 죽어야 한다. 그런데 제초제를 계속 뿌리다 보면 제초제에도 죽지 않는 변종 잡초가 나타날 수 있다. 이게 바로 슈퍼 잡초다. 슈퍼 잡초가 출현하면 옥수수 밭에 제초제를 아무리 뿌려도 소용이 없고 옥수수 수확량도 크게 줄어들게 된다. 마찬가지로 살충제에 죽지 않는 변종 벌레, 곧 '슈퍼 해충'이 나타날 수도 있다. 이런 일이 벌어지면 경작지가 쑥대밭이 되어 농사를 완전히 망치게 된다. 나아가 이런 슈퍼 잡초나 슈퍼 해충을 제거하려면 더욱 강력하고 새로운 농약을 더욱 많이 사용할 수밖에 없다.

셋째, GMO는 농업 자체를 망가뜨릴 수 있습니다. 예를 들어 멕시코에서 이런 일이 있었습니다. 미국에서 수입된 유전자 조작 옥수수 탓에 옥수수 농사를 망쳐 버린 멕시코 농부들은 다시 일반 재래종 옥수수를 심었습니다. 하지만 곳곳에서 유전자 조작 옥수수가 나왔습니다. 이전에 밭에 떨어져 있던 유전자 조작 옥수수의 알곡이 싹을 틔웠고, 이것과 일반 재래종 옥수수 사이에 교배가 이루어져 새로운 유전자 조작 옥수수가 탄생한 거지요. 그 결과 유전자 조작 옥수수가 더욱 널리 퍼져 전통 옥수수는 사라져 버렸고, 옥수수 소비량의 30퍼센트를 미국에서 수입해야만 했습니다. 멕시코는 본래 옥수수 원산지이자 옥수수 생산 대국이었습니다. 그랬던 나라가 그만 옥수수 대량 수입국으로 전락해 버린 겁니다. 이처럼 GMO는 끊임없이 새롭게 번식하고 변형됨으로써 농사에 큰 타격을 입힐 위험이 큽니다.

넷째, GMO는 농민과 농업을 거대 기업에 더욱 깊숙이 종속시킵니다. 거대 기업이 GMO의 개발에서부터 생산과 관리, 유통 등을 모조리 장악하고 있기 때문입니다. 방금 말했듯이 농민이 싫든 좋든 매년 종자를 기업한테서 사 와야 하고, 또 농약과 종자를 한 묶음으로 사야 하는 현실이 이를 상징합니다.

GMO는 역사상 처음으로 기업이 생명의 '설계자'이자 '창조자'이자 '소유자'가 되고 있는 현실을 잘 보여 줍니다. GMO는 종과 종 사이의 경계를, 식물과 동물과 사람 사이의 울타리를 무너뜨리고 있습니다. 자연의 법칙과 질서를 크게 어지럽히고 파괴하고 있는 거지요. GMO 기술은 근원적으로 위험하고 불확실한 기술입니다. 이 기술이 더욱 우려스러운 까닭은 극소수 거대 기업이 이것을 완전히 틀어쥐고 있기 때문입니다.

2. 좋은 먹거리란 무엇일까?

사람과 자연을 모두 살리는 먹거리

그럼, 좋은 먹거리란 어떤 걸까요? 지금까지 얘기를 종합해 보면 아마도 자연스레 결론이 나오지 않을까 싶습니다.

먼저, 유기농업으로 생산된 먹거리가 좋습니다. 유기농업이란 농약과 화학비료를 사용하지 않는 농업을 말하지요. 안전하고 신선하고 깨끗한 먹거리, 환경과 건강을 살리는 먹거리가 바로 유기농 먹거리입니다. 이런 유기농은 무엇보다 지속가능성과 작물 다양성을 중요하게 여깁니다.

좋은 먹거리의 또 하나의 대명사는 가까운 지역에서 생산된 먹거리입니다. 줄여서 '지역 먹거리'라 부르고, 영어로는 '로컬 푸드(local food)'라고 하지요. 지역 먹거리가 번창하면 농민은 중간에서 억울하게 뺏기는 몫이 줄어들어 경제적으로 큰 도움을 받고, 소비자는 신선하고 믿을 수 있는 먹거리를 값싸게 구할 수 있습니다. 먹거리의 이동 거리가 줄어드니 환경오염과 에너지 낭비도 크게 줄일 수 있고요. 먹거리가 지역 중심으로 순환하는 덕분에 돈이 지역 밖으로 빠져나가는 일도 줄어들게 됩니다. 그 결과 소득과 일자리가 늘어나 지역 경제와 공동체가 활기를 띠며 살아나게 되지요. 그래서 지역 먹거리는 유기농 먹거리와 마찬가지로 생산자와 소비자, 사람과 자연과 지역 공동체 모두에게 이로운 먹거리라고 할 수 있습니다.

'슬로푸드(slow food)'라는 것도 있습니다. 슬로푸드 운동은 제대로 된 먹거리와 맛을 통해 인생의 즐거움을 누리고 삶의 질을 높이자는 목표로 1980년대 중반 이탈리아에서 시작됐습니다. 슬로푸드는 단순히 패스트푸드의 반대말이 아닙니다. 공장에서 대량 제조된 것이 아니라 자연의 흐름과 질서에 따라 생산된 먹거리, 가까운 지역에서 제철에 생산된 먹거리, 화학물질을 쓰지 않고 깨끗하고 안전한 방식으로 만들어진 먹거리, 전통과 문화의 다양성을 보존하는 먹거리, 생산자가 적절한 보상을 받는 먹거리 등을 소중히 여기는

이탈리아 토리노에서는 1994년부터 2년에 한 번씩 세계 슬로푸드 축제 살로네 델 구스토가 개최된다. 이 행사에서는 환경과 음식 다양성을 촉진하고 보호하기 위해 헌신하며, 사회적 정의를 옹호하는 음식과 농민이 한자리에 모인다.

게 슬로푸드의 정신입니다. '맛있고 깨끗하고 공정한' 먹거리가 슬로푸드인 셈이지요.

먹거리를 바꿔야 세상과 삶이 바뀐다

최근 들어서는 도시에 살면서 농사를 짓는 것을 뜻하는 도시농업도 큰 인기를 끌면서 빠르게 퍼지고 있습니다. 도시농업은 좋은 먹거리를 생산할 뿐만 아니라 경제와 환경, 사회 측면에서도 장점이 아주 많습니다. 공정무역 제품을 사자는 움직임도 갈수록 높아지고 있지요. 공정무역 제품이란 어떤 물건을 만드는 과정에서 인권이나 환경을 파괴하지 않고, 생산자에게 공정한 대가를 보장하는 제품을 말합니다. 그래서 공정무역 제품을 사는 것을 가리켜 '윤리적 소비', '착한 소비'라 부르기도 합니다.

이처럼 좋은 먹거리를 강조하는 이유는 뭘까요? 우선은 나 자신의 건강을 위해서입니다. 하지만 여기에는 훨씬 더 깊고 넓은 뜻이 담겨 있습니다. 우리 모두는 먹거리를 매개로 해서 긴밀하게 맺어진 먹거리 공동체의 구성원이자, 사람과 자연과 사회가 서로 얽히면서 어우러지는 먹거리 네트워크의 일원입니다. 그래서 이제 우리는 먹거리의 수동적인 소비자가 아니라 능동적인 생산자가 되어야 합니다. 구경꾼이 아니라 행동하는 참여자가 되어야 한다는 거지요. 먹거리는 농민만이 생산하는 게 아닙니다. 소비자가 '공동 생산자'

가 되어야 합니다.

지금까지 살펴보았듯이 먹거리는 나 자신은 물론 자연과 이 세상과도 깊은 연관을 맺고 있습니다. 일차적으로 먹거리는 자연과 생명의 산물입니다. 자연과 먹거리와 나는 하나로 연결돼 있습니다. 먹거리는 또한 정치, 경제, 사회, 문화의 결정체이기도 합니다. 그래서 먹거리는 '나의 몸'인 동시에 '세상의 몸'이라고 할 수 있습니다. 내 밥상이 우주입니다. 쌀 한 톨에도 자연의 신비로운 섭리가 오롯이 담겨 있습니다.

그렇습니다. 먹거리가 건강하고 아름다우면 이 세상과 우리 삶도 그렇게 될 것입니다. 마찬가지로 세상과 우리 삶이 건강하고 아름다우면 먹거리 또한 그렇게 될 것입니다. 그러므로 먹거리를 바꾸는 것은 세상을 바꾸는 길이기도 하고, 내 삶을 바꾸는 길이기도 합니다. 나아가 자연과 생명을 살리는 길이기도 합니다. '환경'을 주제로 내건 이 책에서 먹거리 문제를 비중 있게 다룬 이유가 바로 여기에 있습니다.

식량 자급과 '식량 주권'

'좋은 먹거리'를 논의할 때 '식량 주권(food sovereignty)' 얘기를 빼놓을 수 없다. 식량 주권이란 자신에게 필요한 식량을 스스로 생산할 권리를 말한다. 또 여기엔 식량과 농업에 관련된 여러 가지 결정을 스스로 내릴 수 있는 권리가 포함된다. 그래서 식량 주권의 핵심은 식량자급률이다. 식량자급률이란 어떤 나라의 전체 식량 소비량 가운데 국내에서 생산된 식량이 얼마나 되는지를 나타낸 수치다. 식량자급률이 낮을수록 먹거리를 외국에 크게 의존한다는 말이니, 이는 우리의 생명줄이 남의 손에 맡겨져 있는 것과 다르지 않다.

우리나라의 식량자급률은 23퍼센트 안팎에 불과하다. 쌀을 뺀 식량자급률은 5퍼센트도 채 되지 않는다. 밀, 옥수수, 콩 같은 다른 곡물은 거의 수입에 의존하고 있다. 가축 사료 또한 85퍼센트를 수입하고 있다. 이는 경제협력개발기구 회원국 가운데 꼴찌 수준이다. 그래서 만약에 세계적으로 농작물 생산이나 무역에 무슨 커다란 문제라도 생기면 우리나라는 곧바로 큰 타격을 받을 수밖에 없다.

식량 주권은, 우리가 생산하든 돈을 주고 외국에서 사 오든 필요한 식량을 확보하기만 하면 된다는 식의 개념인 '식량 안보'와는 다르다. 식량 안보에만 기대다가는 큰코다칠 수도 있다. 실제로 세계적인 식량 위기가 터졌을 때 외국에서 식량을 제대로 가져올 수 있을까? 자기 나라 국민도 굶주리는 판국에 식량을 고분고분 내어 줄 나라가 얼마나 될까? 또한 자연재해, 자원 고갈, 경제 위기, 국내 정치의 격변, 전쟁 따위와 같은 중대한 변수가 발생해도 해외에서 안정적으로 식량을 들여올 수 있을까? 식량 수출국들이 자기들 사정에 따라 식량 수출을 금지하거나 줄일 가능성이 크지 않을까? 실제로 지난 2008년 세계 여러 나라에서 폭동이 일어날 정도로 심각한 식량 부족 사태가 발생한 주요 원인 가운데 하나가 몇몇 나라의 식량 수출 중단이었다.

식량 주권은 먹거리 자급을 이루고 먹거리를 둘러싼 민주주의와 정의를 강조한다는 점에서 식량 안보보다 훨씬 더 깊고 넓은 뜻을 품고 있다. 먹거리 문제를 단순히 경제적 이해관계로만 따지는 것은 어리석고도 짧은 생각이다. 경제적 이익만 앞세운다면 자동차나 핸드폰, 반도체 같은 공산품을 비싼 값에 팔아 돈을 벌고 그 돈으로 외국에서 값싼 먹거리를 수입해 오는 게 더 나을지도 모른다. 하지만 그것은 우리 생존의 토대를 팔아넘기는 것과 다름없다. 식량 주권은 '좋은 먹거리'의 전제 조건이다.

녹색 여행사
녹색 비상
EXIT

5부

지속가능한 지구

녹색 미래를 향하여

'지속가능한 발전'의 겉과 속

1장

1. 지속가능한 발전이란?

환경과 경제, 현세대와 미래세대가 공존하는 발전

이제까지 살펴봤듯이 전 지구적인 환경 위기가 날로 깊어 가자 세계 수많은 나라의 뜻있는 사람들이 새로운 해결책을 찾기에 이르렀습니다. 세계 차원의 긴급하고도 전면적인 대응 없이 그냥 내버려 두다간 정말로 돌이키기 어려운 파국적 재앙을 피할 수 없으리라는 절박한 위기의식이 날로 높아진 거지요. 그래서 성사된 것이 1992년 6월에 열린 이른바 '리우 회의'입니다.

세계에서 가장 아름다운 3대 항구도시의 하나로 꼽히기도 하는 브라질 리우데자네이루에서 열린 이 회의는 전 세계에서 정부 대표들은 물론 민간 시민단체 사람들도 대거 참여한 역사상 가장 큰 국제회의였습니다. 여기서 채택된 게 '리우 선언'이라는 건데, 이 선언은 '환경적으로 건전하고 지속가능한 발전'을 실현하기 위한 27개의 행동원칙으로 이루어져 있습니다. 지구 생태계를 보전하기 위해 각 나라와 일반 시민이 무엇을 어떻게 해야 하는가를 제시한 것이 핵심 내용이지요. 이 선언은 이후 지구 환경 보전을 위한 여러 국제적 합의나 협약의 가장 중요한 원칙이 되었습니다.

이 회의에서는 '의제 21'이라는 것도 채택되었습니다. '리우 선언'이 기본 원칙이라면 '의제 21'은 그 원칙을 실현할 방안을 담은 상세한 행동 지침이자 실천 프로그램이라고 할 수 있지요. 이 '의제 21' 또한 이후 각 나라의 정부가 환경정책을 펼치거나 일반 시민이 환경운동을 벌이는 데 나침반 역할을 하고 있습니다.

그런데 '리우 선언'과 '의제 21'에서 자주 등장하는 것이 '지속가능한 발전'이라는 용어입니다. 이 용어는 환경 문제를 얘기할 때 어디서나 단골로 쓰기 때문에 잘 알아 두는 게 좋습니다. 이 말을 국제사회에서는 공식적으로 "미래세대가 그들의 필요를 충족시킬 수 있는 가능성을 손상시키지 않는 범위 안에서 현세대의 필요를 충족시키는 발전"이라고 정의합니다. 쉽게 풀어서 설명하면, 지금 우리가 필요에 따라 경제성장과 발전을 하더라도 자연을 지나치게 파괴함으로써 지구 생태계가 감당할 수 있는 수준을 넘어서거나, 미래의 후손들이 누려야 할 몫까지 손상시키면 안 된다는 거지요.

이런 뜻에 따라 지속가능한 발전에서는 선진국과 개발도상국, 현세대와 미래세대, 인간과 다른 생물 사이의 형평성이 강조됩니다. 또한 환경보전(생태적 지속가능성)은 물론 사회정의(사회적 지속가능성)와 경제정의(경제적 지속가능성) 같은 것들도 동시에 중시하고요. 그래서 지속가능한 발전은 인류의 삶의 터전이 훼손되는 걸 막고 현세대와 미래세대 모두 가난이나 굶주림이 없는 세상에서 평화롭고 행복하게 사는 것을 돕는다고 흔히 얘기됩니다.

전 세계 수많은 나라의 다양한 사람이 한곳에 모여서 지구 환경을 지키자는 데 한목소리를 내고, 그 결과 지속가능한 발전이라는 인류 공동의 합의를 이루어 낸 것은 그만큼 지구 환경이 절박한 위험에 처했다는 걸 역설적으로 보여 줍니다. 그래서 환경 위기를 진정으로 극복하려면 이 지구에 몸담고 살아가는 모든 사람과 모든 나라가 더불어 힘과 지혜를 모으지 않으면 안 됩니다. 오늘날 전 세계에 나부끼고 있는 지속가능한 발전이라는 깃발에는 이런 세계 사람들의 뜻이 깊이 아로새겨져 있습니다.

2. 지속가능한 미래로 가는 길

성장과 개발의 신화가 남긴 것

그렇다면 지구 환경이 점점 더 좋아져야 하지 않을까요? 하지만 현실은 그렇지 않습니다. 리우 회의 이후에도 세계 환경 문제를 논의하고 지구를 지키자고 결의하는 거대한 국제회의나 행사가 여러 차례 열렸습니다. 멋진 내용으로 가득 찬 선언문이나 전략, 계획 같은 것들도 자주 발표됐고요. 뿐만 아니라 사실은 리우 회의 이전부터도 지구 환경을 지키려는 국제적 협력과 노력의 산물인 다양한 국제 환경 협약이 맺어져 왔습니다.*

그러나 이 책이 전하는 바와 같이 아직도 갈 길은 아득하기만 합니다. 환경 위기는 날로 더 깊어만 가고 있지요. 다들 겉으로는 지속가능한 발전을 떠받들고 목청 높여 외치는 것 같지만, 정작 실제로 세상이 돌아가는 모습은 지속가능한 발전과는 너무나 거리가 멉니다. 겉과 속이 전혀 다르다는 얘기지요.

* **국제** 환경 협약이란 지구 환경 문제에 대처하려고 여러 나라들 사이에 협의를 거쳐 맺는 국제적 약속을 말한다. 수백 개에 이르는 이런 협약 가운데 중요한 몇 가지만 소개하면 다음과 같다. 괄호 안 연도는 각 협약이 채택된 해를 뜻한다. △람사르 협약: 갯벌 등 습지를 보호하기 위한 협약(1971년) △런던 협약: 바다 오염을 막기 위한 협약(1972년) △몬트리올 의정서: 오존층 파괴 물질을 줄이기 위한 협약(1987년) △바젤 협약: 유해 폐기물의 나라 간 이동과 처리를 통제하기 위한 협약(1989년) △유엔 기후변화 협약: 지구 온난화를 막고 온실가스 배출을 줄이기 위한 협약(1992년) △생물 다양성 협약: 생물종 파괴를 막고 생물종 다양성을 보전하기 위한 협약(1992년)

** 그 탓에 지속가능한 발전에서도 실제 현실에서는 경제적인 측면을 강조하는 경향이 강하다. 그러니까 실제로는 경제발전과 성장의 지속가능성을 더 중시하면서 여기에 환경보전을 부차적으로 결합시킨다는 것이다. 이런 흐름은 '경제 살리기'나 경제성장을 무엇보다 중시하고 물질주의적 가치관이 깊이 뿌리내린 우리나라 같은 곳에서 특히 도드라진다. 이와는 달리, 개발도상국이나 후진국들은 지속가능한 발전이라는 개념 자체가 부유한 서구 선진국들이 내놓은 것이라는 점을 비판한다. 가난에서 벗어나기 위해 경제성장이나 개발을 더욱더 다그쳐야 하는 개도국이나 후진국 입장에서는 환경을 중시하는 지속가능한 발전이 자기들 현실에는 맞지 않는 이상적이고 관념적인 모델이라는 것이다.

왜 그럴까요? 가장 큰 문제는 지금 세상을 압도적으로 지배하는 것이 돈의 힘이라는 데 있습니다. 오늘날 세계 자본주의 경제를 움직이는 가장 강력한 동력은 돈을 최대한 많이 버는 게 최고라는 이윤 극대화 논리입니다. 경제성장과 개발의 신화, 곧 끝없는 성장과 개발을 바람직한 것으로 생각하고, 많이 생산하고 많이 소비하고 많이 소유하는 것을 좋은 것으로 여기는 잘못된 환상 또한 좀체 수그러들 기미를 보이지 않고 있습니다. 그러니 자연의 깊은 가치나 참된 삶의 질에 대한 관심은 제대로 된 대접을 받기 어려울 수밖에 없지요.**

특히 오늘날 전 지구를 호령하고 있는 신자유주의 세계화 경제는 더욱 파괴적이고 낭비적입니다. 앞에서도 말했듯이 신자유주의 세계화 경제 질서는 강자에게 아주 유리합니다. '승자 독식'이나 '강자 독식'이라는 말이 널리 쓰이는 데서 보듯이, 강한 자와 이긴 자가 지나치게 많은 몫을 독차지하다시피 하는 시스템이지요. 대신에 그 과정에서 치러야 할 희생과 대가, 그러니까 대표적으로 가난이나 환경오염 같은 것들은 대부분 약자와 패자에게 떠넘겨집니다. 이것은 사람과 사람 사이, 나라와 나라 사이뿐만 아니라 사람과 자연 사이에도 마찬가지로 적용됩니다.

예를 들어 볼까요? 세계화 경제 아래서 선진국들은 자기 나라 안에서만큼은 환경을 개선하려고 애를 쓰면서도, 자신들이 물질적 풍요와 안락한 생활을 즐기느라 발생하는 환경 파괴와 자원 착취는 가난하고 힘없는 나라로 떠넘기고 있습니다. 부유한 선진국들은 대개 가난한 나라나 개도국한테서 원자재를 값싸게 수입해서 그것을 가공해 높은 경제 가치를 지닌 상품을 만든 뒤, 그 상품을 가난한 나라나 개도국으로 비싼 값에 다시 수출해 막대한 이익을 챙깁니다.

반면에 개도국이나 가난한 나라들은 큰 피해를 보게 됩니다. 이를테면 이들 나라에서는 선진국에 수출할 자원을 캐내느라 비옥한 땅이 파괴되고, 플랜테이션 농장이나 목초지를 만드는 과정에서 울창한 숲이 사라지며, 그런 마구잡이 개발 과정에서 쏟아져 나오는 온갖 해로운 물질로 자연이 크게 오염됩니다. 동시에 그런 자연 속에서 살아오던 그곳 주민들의 생활 또한 엉망진창으로 망가지고 말지요. 요컨대, 수많은 개도국과 가난한 나라들은 자기 나라 자연이 더욱 심하게 약탈당하고 수많은 사람이 희생되는데도 정작 그로 인해 발생하는 이득은 다른 선진국들에게 빼앗기고 있는 겁니다.

지속
가능한 발전

더불어 사는 삶, 참된 행복을 찾아서

지금 세상은 이런 식으로 굴러가고 있습니다. 정의롭지 않고 공평하지 않지요. 민주주의에도 어긋나고요. 오늘날 수많은 사람이 살벌한 경쟁에 시달리고, 극심한 양극화와 불평등으로 고통받으며, 늘 뭔가에 쫓기면서 공포와 불안에 짓눌려 사는 건 이런 세상이 만들어 낸 당연한 결과입니다. 경쟁에서 한번 뒤처지면 영원한 낙오자와 패배자가 되기 십상이니 미친 듯이 일에만 매달려야 하고, 내가 살아남아 '사다리' 경쟁 시스템에서 한 칸이라도 더 올라가려면 다른 사람을 끌어내려야 하는 게 오늘 우리 현실이지요. 또 많은 사람이 어릴 때부터 죽을 때까지 입시 걱정, 취업 걱정, 실직 걱정, 전셋돈 걱정, 자녀 교육비 걱정, 노후 대비 걱정 등에 끝없이 휘둘리며 평생을 조마조마하게 가슴 졸이며 살아가고 있습니다.

개인이든 사회든 이처럼 돈, 경쟁, 성장 따위가 주인 노릇하는 악순환의 굴레에서 벗어나지 못한다면 지구의 지속가능한 미래는 기대하기 어렵습니다. 이것들은 기본적으로 자연과 사람을 망가뜨리고 지구를 괴롭힘으로써만 얻어지고 이루어지는 것들이기 때문이지요.

그러므로 이제 이런 사회경제 시스템은 물론 생활양식과 가치관 같은 것들도 근본적이고 전면적으로 바꾸어 나가야 합니다. 무엇보다 인간은 지구의 생태 능력이 허용하는 한계 안에서 살아가야 합니다. 특히 경제 활동이 그래야겠지요. 지금처럼 생산과 소비와 소유를 무한정으로 부추기면서 자연과 인간을 모두 파괴하는 폭력적

*** 환경 용어 가운데 '생태발자국 지수'라는 게 있다. 이것은 인간이 살아가는 데 필요한 자원을 생산하고 쓰레기를 처리하는 데 드는 모든 비용을 땅의 넓이로 계산한 것이다. 그러므로 이 수치가 높을수록 자연 생태계가 많이 파괴됐음을 뜻한다. '세계야생동물기금'이라는 국제 환경단체의 조사 결과에 따르면, 세계 전체적으로 지금의 생태발자국이라면 지구가 1.5개 필요하다고 한다. 그리고 지금 추세가 계속된다면 2030년에는 지구가 2개, 2050년이면 지구 3개가 필요하게 될 것이라고 한다. 또 어떤 전문가는 인류 모두가 미국 사람의 생활수준을 누리려면 지구가 5개나 필요하다는 조사 결과를 내놓기도 했다. 생태발자국과 비슷한 문제의식으로 '물발자국', '탄소발자국' 같은 용어들도 흔히 쓴다. 이런 얘기들은 결국 오늘날 경제 수준과 우리가 누리는 생활수준이 지구의 자연 생태계가 감당할 수 있는 한계를 이미 훌쩍 넘어섰다는 것을 보여 준다. 그래서 한 나라를 평가할 때 생태발자국 지수를 주요 지표로 삼아야 한다는 얘기가 나온다.

경제가 아니라, 자연과 조화와 균형을 이루는 생태적 경제, 인간의 진정한 행복과 삶의 질을 높이는 평화롭고도 정의로운 경제를 만들어 나가야 합니다.***

물론, 사람이란 당장의 끼니를 걱정할 만큼 절대적으로 가난해서는 행복할 수 없습니다. 생활하기에 커다란 어려움이나 불편이 없을 정도의 경제적인 조건은 갖추어야겠지요. 하지만 성장을 많이 하고 소득을 높이는 것, 많이 갖고 많이 쓰는 것, 곧 지나친 물질의 풍요를 우상숭배하며 끝도 없이 앞으로 달리기만 한다면, 그건 어리석은 일이 아닐까요? 우리에겐 얼마나 있어야 충분할까요? 마음 깊은 곳에서 솟아오르는 참된 만족감과 즐거움, 그런 제대로 된 행복과 평화를 누리며 사는 게 진짜 멋진 삶이 아닐까요?

자, 한쪽에는 큰 집, 새 차, 비싼 옷, 진귀한 음식, 첨단 전자제품, 고급 가구, 호화로운 해외여행 같은 것들이 있다고 합시다. 그리고 또 다른 쪽에는 건강, 가족 및 친구들과의 사랑과 우정, 이웃들과의 친밀한 교류, 넉넉한 여가와 여유, 자연과의 어울림, 좋아하는 취미 생활과 문화 활동, 하고 싶은 일을 하는 데서 오는 충족감, 내가 가치 있다고 생각하는 공적인 일에 대한 참여 같은 것들이 있다고 치고요. 이 두 쪽 가운데 어느 쪽이 더 소중할까요? 아, 두 쪽 다 소중하다고요? 물론 그렇겠지요. 하지만 굳이 선택한다면 아무래도 뒤의 것들을 꼽는 게 더 낫지 않을까요?

이윤 극대화나 맹목적인 개발같이 당장 눈앞의 달콤한 이익을 중시하는 것이야말로 지속가능한 발전의 가장 큰 걸림돌입니다. 끝없는 경제성장이 인류가 안고 있는 수많은 문제를 해결해 주리라는 믿음은 이제 효력이 끝났습니다. 그런 시대는 지나가고 있습니다. 우리는 환경을 파괴하지 않고서도 건강하고 튼튼한 경제를 만들 수 있습니다. 탐욕과 이기심과 경쟁의식을 줄일 때, 자연을 존중하고 배려할 때, 행복은 더 가까워집니다. 이 지구와 우리 인류가 살 길이 여기에 있습니다. 진정으로 지속가능한 미래를 열어 갈 수 있는 열쇠가 여기에 있습니다.

"더 알아볼 이야기"

경제성장의 두 얼굴

일반적으로 경제성장에서 가장 중요한 지표로 여겨지는 게 GNP와 GDP다. 우리말로 '국민총생산'이라 부르는 GNP(Gross National Product)는 한 나라 국민이 생산한 물자와 서비스를 모두 합한 금액을 말한다. 우리말로 '국내총생산'이라 부르는 GDP(Gross Domestic Product)는 한 나라 안에서 생산된 물자와 서비스를 모두 합한 금액을 뜻한다. 그러니까 GNP는 국민, 곧 사람을 기준으로 생산 금액을 계산한 것이고, GDP는 국가를 기준으로 생산 금액을 계산한 것이라고 할 수 있다. 어떻든 둘 다 생산 중심 개념이고, 그 기준은 화폐 가치다. 즉, 화폐로 측정할 수 있는 물건과 서비스의 총생산량을 양적으로 계산한 것이 GNP와 GDP다. 그래서 돈이 더 만들어지고 늘어나기만 하면 GNP와 GDP는 올라가고 경제성장을 한 것이 된다.

그런데 그 결과를 현실에서 찬찬히 뜯어보면 어처구니없는 일이 많다. 예컨대 전쟁이 터지고, 환경 사고나 자동차 사고가 나고, 숲을 베어 내고, 물이 오염되어 생수를 사 먹어도 GNP와 GDP는 올라가고 경제는 성장한 것이 된다. 이 모든 경우에 생산이 이루어지고 돈이 만들어지는 탓이다. 전쟁이 터지면 무기를 엄청나게 생산하고 사고판다. 환경 사고가 터지면 복구해야 한다. 자동차 사고가 나면 수리를 하거나 새 차를 사야 한다. 베어 낸 나무를 팔 때에도, 생수를 사 먹는 데에도 돈이 오간다. 그래서 결국, 자기 집 뜰에서 키운 감자를 먹는 게 아니라 머나먼 나라에서 생산되어 먼 거리를 이동해 온 외국의 포테이토칩 과자를 사 먹는 게 경제성장에 기여하는 행위가 되는 우스꽝스러운 일이 벌어진다. 이처럼 GNP나 GDP는 사람들의 고통, 환경 파괴, 자원 고갈, 공동체 붕괴 같은 것들을 계산하지 않는다. 동시에 여가, 우정, 협동, 자연과의 조화, 문화 활동, 공적인 일에 대한 참여 등과 같이 삶의 질을 높이는 데 긴요한 요소들을 반영하지 않는다. 바로 이것이 경제성장의 숨겨진 얼굴이다. 그래서 GNP와 GDP가 높아지고 경제가 성장하는 것을 무조건 좋고 바람직한 것이라고 여기는 건 허구이자 환상이라고 할 수 있다.

'환경정의'를 위하여

2장

1. 환경정의가 중요한 이유

약자를 위한 정의와 평등

환경정의란 말 그대로 환경 분야에서 정의와 평등을 실현해야 한다는 원칙입니다. 자, 한번 생각해 볼까요? 환경이 오염됐을 때 그 피해는 누구한테나 똑같이 돌아갈까요? 반대로 환경을 잘 보전했을 때 그로 인한 이득과 혜택은 누구한테나 똑같이 돌아갈까요? 당연히 두 경우 모두 그렇지 않습니다. 그런데 피해가 가난한 사람 같은 경제적 약자나, 권력도 영향력도 없는 정치사회적 약자에게 떠넘겨진다면 어떻게 될까요? 반대로 이득과 혜택은 부자나 힘센 사람들이 독차지한다면 어떻게 될까요?

사실 이 책에서는 환경정의와 관련한 얘기를 이미 여럿 다루었습니다. 환경정의라는 용어를 별도로 콕 집어서 사용하거나 상세히 설명하지는 않았지만 말입니다. 이를테면 지구 온난화를 다룬 대목에서 소개한 투발루와 방글라데시 사례가 대표적이지요. 기억나나요?

환경정의는 환경 문제와 관련해 벌어지는 불의하고 불공정한 현실을 바로잡으려는 문제의식에서 비롯합니다. 그러니까 환경보전의 혜택을 누리고 환경오염의 피해를 나누는 일이 공정하고 평등해야 한다는 거지요. 아울러 이를 둘러싼 의사결정도 관계되는 모든 사람이 참여한 가운데 민주적이고 투명하고 공정한 절차에 따라 이루어져야 하고요. 이런 환경정의 원칙이 적용돼야 할 경우는 계층 사이, 인종 사이, 지역 사이, 나라 사이 등 아주 다양합니다. 말하자면 부유한 사람과 가난한 사람, 백인과 흑인, 주류 지배 민족과 비주류 소수민족, 힘세고 잘사는 지역과 힘없고 못사는 지역, 강대국과 약소국 사이 등에 차별이 있어서는 안 된다는 거지요. 환경정의는 나아가 현세대와 미래세대 사이, 인간과 자연 사이의 형평성도 강조하고, 어린이 · 노인 · 여성 등을 비롯한 생물학적 약자에 대한 배려도 중요하게 여깁니다.

오늘날 환경정의는 환경 문제를 다룰 때 반드시 고려해야 할 아주 중요한 원칙 가운데 하나로 손꼽힙니다. 갈수록 양극화와 불평등이 깊어 가는 요즘 현실에서 환경을 보전하는 데서도 가난한 사람을 비롯한 사회경제적 약자에 관심의 초점을 두는 게 환경정의이기 때문입니다. 그래서 환경정의 운동은 환경운동과 인권운동, 민주화운동, 사회정의운동이 결합된 것이라는 평가를 받기도 합니다. 나아가 환경정의 운동은 단순히 자연 환경만 살리는 환경운동이 아니라 사람과 사회를 동시에 살리고, 그럼으로써 환경적으로 지속가능할 뿐만 아니라 정의롭고 평등한 세상을 만드는 환경운동을 중시한다는 점에서도 큰 의미를 품고 있습니다.

결정은 민주적으로, 정보는 투명하게

이런 환경정의 운동이 처음 시작된 곳은 미국입니다. 1970년대 중반 이후 가난한 사람과 흑인이 모여 사는 지역의 대기오염이 백인 지역보다 훨씬 심하게 나타난다는 연구 결과가 발표되면서 관심을 끌기 시작했지요. 그러다 1980년대 들어 몸에 해로운 폐기물을 처리하는 시설이 흑인을 비롯한 소수인종과 저소득층이 사는 곳에 편중돼 있다는 것이 확인되면서 더욱 활발해졌습니다.

특히 1982년 미국 동부 노스캐롤라이나 주의 워렌 카운티라는 곳에서는 암을 일으키는 유독 물질을 처리하는 쓰레기 매립장이 들어서는 데 반대하며 시위를 벌이던 흑인들이 500명이나 체포되는 사건이 벌어졌습니다. 1985년에는 어느 거대 화학기업이 유독물질을 쏟아내는 바람에 대부분 흑인으로 이루어진 인근 주민 130여 명이 병원으로 실려 가는 사건이 터지기도 했고요. 이런 일들이 쌓이면서 사람들의 분노가 들끓어 오르기 시작했고 환경정의를 이루자는 운동이 한층 뜨겁게 펼쳐졌지요.

그러자 마침내 미국 정부도 움직이지 않을 수 없었습니다. 1990년대에 접어들면서 미국 정부는 정책을 만들고 실행하는 과정에서 환경정의 원칙을 중요하게 고려하기 시작했고, 특히 환경 담당 정부 부서인 환경청에 '환경정의국'을 두면서 환경정의 정책을 본격적으로 펼쳤습니다. 그러면서 환경정의 운동이 더욱 튼튼하게 뿌리를 내리게 되지요. 이렇게 미국에서 시작된 환경정의 운동은 그 뒤 세계 여러 곳으로 퍼져 나가게 됩니다.

우리나라도 환경정의가 중요하긴 마찬가지입니다. 미국과 같은 인종 문제가 개입되는 경우는 없지만 환경정의의 눈으로 볼 때 심각한 문제가 한둘이 아니지요. 쓰레기 매립장이나 소각장, 원자력발전소, 핵폐기물 처분장, 고압 송전탑 같은 시설을 가난한 사람들이 살거나 정치사회적으로 힘이 약한 농촌, 도시 외곽지역, 섬, 바닷가 등지에 우선적으로 건설하는 게 대표적 보기입니다.

장소도 그렇지만 이런 일을 추진하는 과정과 절차도 매우 중요합니다. 대부분 사람들은 이런 시설이 자기가 사는 곳에 들어오는 것을 반대하기 마련이니까요. 그래서 이런 일을 추진할 때에는 해당 지역 주민을 비롯해 관계되는 다양한 사람이 참여한 가운데 민주적인 토론을 거치는 게 반드시 필요합니다. 특히 추진하는 사업과 관련된 모든 정보와 자료를 투명하게 공개하는 것도 아주 중요하고요. 단순히 정부의 정책 결정자나 소수 전문가 중심으로 의사결정을 내린 뒤 일방적이고 강압적으로 일을 추진하면 커다란 갈등과 분쟁을 피할 수 없습니다. 여태껏 우리가 숱하게 경험해 온 일이지요. 사회적 합의를 이루어 내는 데 바탕이 되는 공정하고도 민주적인 의사결정과 투명한 정보 공개 없이 환경정의를 실현하려는 것은 나무에서 물고기를 구하는 것처럼 어리석은 일입니다.

2. 환경정의의 눈으로 환경 문제를 보다

기후변화의 피해자는 누구인가?

환경정의와 환경 문제의 관계를 가장 또렷이 보여 주는 것은 기후변화입니다. 앞에서도 말했듯이 기후변화의 주범인 온실가스를 그간 대량으로 배출해 온 것은 선진국들입니다. 세계 인구의 20퍼센트에 불과한 선진국 사람들이 지구 전체 에너지와 자원 소비의 80퍼센트를 차지하고 있지요. 후진국이나 개발도상국들은 이제 좀 잘살아 보겠다고 경제성장을 이루려 합니다. 한데 지구 온난화가 심각하게 진행되면서 그만 모든 나라가 온실가스 배출을 줄이지 않으면 안 되는 처지에 놓이게 되었습니다. 결국 20퍼센트의 선진국 사람들이 저질러 놓은 일의 책임을 수많은 나머지 나라 사람들이 함께 지게 된 셈이지요. 정작 이들 나라 사람들은 온실가스를 그리 많이 배출하지 않았는데도 말입니다. 배불리 먹은 사람은 따로 있는데 그 설거지를 내가 해야 한다면 기분이 어떨까요? 이건 현세대 안에서 일어나는, 나라 사이의 불공평입니다.*

이런 선진국들은 주로 북아메리카와 유럽 등지에 몰려 있습니다. 반면에 기후변화에 따른 피해가 가장 큰 곳은 동남아시아, 남아시아, 아프리카, 라틴아메리카 등에 집중돼 있습니다. 지리적이고 공간적인 불공평이지요. 이들 지역은 공통적으로 가뭄, 홍수, 태풍을 비롯해 기후변화에 따른 기상이변과 자연재해의 영향을 크게 받는 곳들입니다.** 또한 선진국들은 기후변화를 다루는 국제회의나 세계적인 정책 결정에서 개도국이나 후진국에 비해 훨씬 큰 영향력과 권한을 행사합니다. 이것은 의사결정 과정에서 나타나는 절차 측면

* 현재 이산화탄소 배출량 세계 1위와 2위인 중국과 미국, 그리고 여기에 유럽을 합치면 세계 전체 배출량의 56.7퍼센트에 이른다. 또한 배출량 세계 8위인 우리나라를 포함한 배출량 상위 10개 나라가 세계 전체 배출량의 67.4퍼센트를 차지한다. 200개가 넘는 나머지 나라의 배출량은 모두 합쳐도 32.6퍼센트에 지나지 않는다.

** 기후변화가 일으키는 이상기후의 영향을 가장 많이 받는 나라의 순위를 살펴보면 1위 방글라데시, 2위 인도, 3위 마다가스카르, 4위 네팔, 5위 모잠비크 순이다. 필리핀, 아이티, 아프가니스탄, 짐바브웨, 미얀마(버마) 등이 그 뒤를 잇는다. 거의 모두 가난하고 힘없는 나라들이다. 1~50위 안에 미국, 일본, 중국, 우리나라 등이 포함돼 있지만 선진국들은 이상기후에 대처할 경제적 능력과 기술적 역량을 갖추고 있어서 피해를 크게 줄일 수 있다.

의 불공평입니다.

세대 사이에도 불공평이 있습니다. 이는 곧 에너지 소비로 풍요와 편리를 누리는 현세대와, 그로 인한 기후변화의 피해와 그 피해를 줄이기 위한 부담을 떠안아야 할 미래세대 사이의 불공평을 말하는 거지요. 이것은 시간적인 불공평이라고 할 수 있습니다. 뿐만이 아닙니다. 사람은 상대적으로 기후변화를 더 잘 이겨 낼 수 있지만, 수많은 동식물은 멸종 위기에 몰릴 정도로 커다란 타격을 받습니다. 기후변화를 일으킨 건 인간인데 그 피해는 다른 동식물에게 더 크게 돌아가고 있습니다. 그러니 이것은 인간과 인간 이외 생물 사이의 불공평이지요.

이렇게 보면 결국 기후변화는 단순히 환경 문제에서 그치는 게 아닙니다. 정의와 평등의 원칙이 적용돼야 할 정치 문제이기도 하고, 사회 문제이자 경제 문제이기도 하지요. 그러므로 이제 온실가스를 많이 배출하는 나라는 그에 걸맞은 책임을 져야 합니다. 자신이 배출한 온실가스로 고통받는 나라와 미래세대, 그리고 자연 생태계를 위해 자금과 기술 등을 아낌없이 내놓아야 합니다. 이것이 기후변화가 요구하는 환경정의를 실천하는 길입니다.

서울에 원자력발전소를 건설하자

다음으로 원자력발전도 한번 살펴보지요. 지금 우리나라에서 운영하고 있는 24개의 원자력발전소가 자리 잡고 있는 지역, 곧 전라남도 영광, 경상북도 울진과 월성, 부산 외곽의 고리 등은 대체로 사람이 많이 사는 곳도 아니고, 그러니 당연히 전기를 많이 쓰는 지역도 아닙니다. 물론 국토가 좁은 탓에 그리 멀지 않은 곳에 인구 밀집 지역이 있기는 하지만 말입니다. 중요한 것은 원전에서 만들어진 전기 대부분은 원전이 있는 곳에서 쓰이는 게 아니라 서울과 수도권을 비롯해 전기를 많이 쓰는 대도시나 산업 밀집지대로 보내진다는 점입니다. 그러니까, 전기를 생산하는 지역과 소비하는 지역이 일치하지 않는다는 거지요(서울을 포함한 수도권이 우리나라 전체 전기 생산에서 차지하는 비중은 5퍼센트에 지나지 않지만, 소비에서 차지하는 비중은 32퍼센트에 이른다).

문제는 원전이 있는 지역의 주민이 자신들이 쓰지도 않는 전기를 생산하느라 무릅써야 할 위험과 불이익이 너무 크다는 점입니다. 원전 지역 주민은 원전 사고와 방사능 누출 위험을 가장 크게, 그리고 가장 직접적으로 안고 살아갑니다. 반면에 서울을 비롯한 대도시 사람은 방사능 걱정 없이 이런 위험한 곳에서 만든 전기를 맘껏 씁니다. 원자력발전소를 서울에 지어야 한다는 목소리가 높아지는 까닭이 여기에 있습니다. 전기 생산에 큰 위험이 따른다면 그 전기를 펑펑 쓰면서 큰 혜택을 누리는 사람들이 그 위험도 떠안는 게 공평한 일이니까요. 원전 건설을 둘러싸고 찬성과 반대 여론이 갈리는 바람에 지역 주민과 공동체가 분열되는 것도 큰 문제입니다. 게다가, 엄청난 위험과 비용 부담을 아무런 잘못도 없는 미래세대와 자연에 떠넘기는 데서 발생하는 불공평도 다시 한 번 강조해 두어야겠지요.

지난 2010년대 초 · 중반에는 고압 송전탑 문제를 둘러싼 분쟁으로 사회 전체가 떠들썩했습니다. 경상남도 밀양이란 곳에서 벌어진 일입니다. 당시 원전에서 생산한 전기를 수백 킬로미터나 떨어진 다른 지역으로 보내는 데 필요한 고압 송전탑 건설을 둘러싸고 격렬한 갈등과 충돌이 빚어졌습니다. 이 송전탑이 들어서는 지역이 밀양이었는데 이곳 주민 대다수는 송전탑 건설을 강력하게 반대하는 운동을 펼쳤습니다. 그 와중에 송전탑 건설을 반대하는 연세 높은 어르신이 두 명이나 자살을 하는 안타까운 일이 벌어지기도 했지요. 송전탑으로 연결되는 고압 전선에서 발생하는 전자파는 사람 건강을 해치고, 송전탑이 지나가는 지역은 땅값이 떨어집니다. 농사를 망칠 뿐만 아니라 풍광 또한 거대한 송전탑 탓에 흉물스럽게 망가집니다. 자신들이 쓰지도 않을 전기를 다른 지역으로 보내느라 송전탑 인근 지역 주민이 커다란 희생과 고통을 치른다는 얘기지요.

그렇습니다. 원자력발전과 고압 송전탑 얘기가 우리에게 던지는 메시지는 단순하고 명료합니다. 지금 우리가 전기를 생산하고 소비하는 방식은 누군가의 커다란 희생을 바탕으로 유지되고 있다는 것이 바로 그것입니다. 이것은 좀 전에 기후변화와 환경정의의 관계를 얘기한 대목에서도 마찬가지로 확인할 수 있었습니다.

환경정의는 이처럼 환경 문제의 본질과 구조를 직시하게 해 줄 뿐만 아니라 나 자신의 삶과 환경 문제가 어떻게 연결되는지도 가르쳐 줍니다. 환경 문제가 정치, 경제, 사회 등 세상의 '다른 일'들과 사실은 얼마나 밀접한 관계를 맺고 있는지, 나아가 내 개인의 생활과도 얼마나 깊이 얽혀 있는지를 되새겨 보게 만드는 것이 환경정의라는 거지요. 그리고 환경 문제를 해결하는 데서도 정의, 평등, 윤리, 인권, 민주주의 같은 가치가 얼마나 소중한지를 잘 보여 주는 게 바로 환경정의입니다. 자연과 사람을 함께 살리고자 하는 환경정의는 정의의 눈으로 환경 문제를 보다 깊게 이해할 수 있는 새로운 시각을 제공해 줍니다. 이 책에서 환경정의를 중요하게 다룬 까닭입니다.

송전탑으로 연결되는 고압 전선에서
발생하는 전자파는 사람 건강은 물론
자연을 해친다.

새로운 세상, 다른 삶을 꿈꾸며

1. 라다크와 두바이 이야기

'오래된 미래' 라다크의 오늘을 보라

인도 서북부 히말라야의 험준한 고원 지대에 라다크라는 고장이 있습니다. 황량하면서도 아름다운 이곳은 특별한 자원이 있는 것도 아니고 땅이 기름진 것도 아니며 기후마저 혹독합니다. 하지만 이곳에서 라다크 사람들은 천 년이 넘는 세월 동안 평화로운 생활을 누려 왔습니다.

자연 속에서 살아온 라다크 사람들은 대부분 농사를 지으며 자급자족했고, 서로 협동하며 살았습니다. 자연의 리듬에 따라 사는 이들의 생활에는 늘 여유와 활기가 넘쳤습니다. 가난이나 실업이라는 개념 자체가 없었고, 경쟁이나 속도, 재산의 많고 적음 같은 것들로 스트레스를 받을 일도 없었지요. 이런 라다크에서 가장 경멸받는 행위는 화를 잘 내는 것이었습니다. 또한 이들은 남을 돕는 것이 자신에게 이익이라는 걸 잘 알고 있었습니다. 서로 돕는 경제, 더불어 살아가는 사회를 일구어 온 셈이지요. 노인은 어르신으로 존경받고, 아이들은 모든 사람한테서 조건 없는 사랑과 보살핌을 받았습니다. 여성도 가족과 공동체의 어엿한 주체로 평등하게 대우받았고요.

그런데, 이런 라다크에 1970년대 중반부터 변화의 바람이 불기 시작했습니다. 인도 정부가 이곳을 개발하고 외부에 개방하기로 결

자연 속에서 살아온 라다크 사람들은 대부분 농사를 지으며 자급자족했고, 서로 협동하며 살았다. 사진은 라다크 한 시골 지역의 타작 현장.

정하면서부터입니다. 그 뒤 모든 게 바뀌었습니다. 포장도로가 뚫리고, 서구식 공장과 학교, 병원, 은행, 발전소, 비행장 따위가 들어서고, 외부 관광객이 끊임없이 몰려왔지요. 시골에 살던 사람이 화려해진 도시로 몰려들었고, 관광객을 대상으로 하는 호텔, 식당, 술집 등과 같이 먹고 마시고 노는 시설도 빠르게 늘어났습니다. 빈민가가 생겨났고, 환경오염도 심각해지기 시작했고요.

이렇게 되면서 라다크 사람들은 물질적으로는 아주 편리해졌습니다. 하지만 이제는 돈이 라다크를 지배하게 되었습니다. 이전에는 음식, 옷, 집을 비롯해 사는 데 필요한 거의 모든 것을 스스로 만들 줄 알았던 사람들이 이제는 바깥에서 들어온 상품에 의존하게 됐다는 얘기지요. 그들은 스스로 너무 가난하다고 느끼게 되었고, 자신들의 생활이 상대적으로 원시적이고 어리석고 비효율적이라고 여기게 되었습니다. 특히 젊은이들은 자신의 전통과 문화를 부끄럽게 여기면서 열등감에 사로잡히게 됐지요. 사람들 사이의 관계도 변했습니다. 서로 돕고 의지하던 사람들이 이제는 더 많은 돈을 벌고 더 좋은 일자리를 차지하려고 서로 경쟁하는 사이가 되고 말았습니다. 노인과 아이가 한데 어울려 사는 대가족이 없어지고, 끈끈한 정과 인심도 사라졌습니다. 그 과정에서 '자연의 아들딸'이었던 사람들이 날씨의 작은 변화나 별의 움직임을 알아보는 것과 같은 예민한 감각도 잃어버리게 되었습니다.

물질적으로 풍요롭진 않지만 소박하나마 자급자족하며 살던 사람들이 이제는 "우리는 가난하고 뒤떨어졌기 때문에 개발을 해야 돼요." 라고 말하게 됐습니다. 그리고 이전에는 노래, 춤, 악기 연주, 연극 같은 것을 스스로 할 줄 알고 또 늘 즐겼는데, 이제는 텔레비전과 라디오가 이를 대신하게 되었습니다. 공동체의 분열도 심각해졌습니다. 긴밀하게 연결돼 있던 사람들이 노인과 젊은이, 부자와 가난한 사람, 불교를 믿는 사람과 이슬람교를 믿는 사람, 남성과 여성, 전문가와 일반 사람, 도시 사람과 시골 사람 등으로 갈라지고 말았지요.

《오래된 미래》라는 책으로 널리 알려진 라다크 이야기를 소개하는 이유는 다른 데 있지 않습니다. 사람과 자연과 공동체 사이의 연결 고리를 망가뜨리면서 진행되는 개발과 경제성장이 행복하고 단란했던 사람들의 생활을 어떻게 바꾸는지를 실감 나게 보여 주는 대표 사례이기 때문입니다.

노동자의 피눈물로 얼룩진 두바이

다음은 두바이 이야기입니다. 두바이는 석유와 사막으로 유명한 중동 지역의 아랍에미리트라는 나라에 속한 곳입니다. 이곳은 거대하고 호화찬란한 인공 구조물이 많기로 유명합니다. 세계 최고층 건물인 버즈 두바이, 세계 최대 인공섬인 팜 아일랜드, 세계 최초의 별 7개짜리 호텔인 버즈 알아랍 호텔 같은 것이 그 주인공이지요. 한여름이면 온도가 55도까지 치솟는다는 그 뜨거운 사막 지대에서

1년 내내 대규모 실내 스키장을 운영하고, 관광객들이 바다로 갈 때 발밑이 시원하라고 해변 모래사장 밑에 냉방장치를 설치한 곳도 있다고 합니다. 아랍에미리트는 석유와 천연가스로 부자가 된 나라인데, 특히 두바이는 초대형 건설과 개발 사업 계획을 내세워 외국의 뭉칫돈을 끌어들였습니다. 그 결과 '한 방'에 큰돈을 벌겠다는 돈바람과, 극단적으로 자연을 파괴하고 에너지와 자원을 낭비하는 개발 바람이 두바이를 휩쓸게 됐습니다.

하지만 두바이의 사치스러운 겉모습 뒤에는 어두운 그늘이 짙게 드리워져 있습니다. 놀랍게도 두바이 전체 인구 가운데 외국인이 차지하는 비율은 무려 90퍼센트에 이릅니다. 대다수는 인도, 파키스탄, 스리랑카, 필리핀 등 아시아 여러 나라와 아프리카 북부 지역 나라들에서 일자리를 찾으러 온 가난한 외국인 노동자들이지요. 문제는 이들의 처지가 노예와 다르지 않다는 점입니다. 이들은 하루 열 몇 시간씩 살인적인 노동에 시달리면서도 고작 몇 천 원 정도밖에 받지 못합니다. 그나마도 몇 달째 받지 못하거나, 아예 처음부터 돈을 구경조차 못 하는 경우도 더러 있다고 합니다. 작업 환경 또한 아주 위험합니다. 사막의 뙤약볕 아래서 일하느라 일사병으로 사망하는 노동자 수가 한 해에 900명이나 될 때도 있었다지요. 이들이 사는 곳 또한 방 하나에 20명이 지낼 정도로 비좁고 시설도 엉망이어서 몸을 제대로 누이기조차 힘들다고 하고요.

하지만 이들은 아무리 억울한 일을 당해도 항의할 수 없습니다.

▲세계 최대 인공섬 팜 아일랜드의 전경.
▼세계 최고층 건물 버즈 두바이 건설 현장.

여기서는 노동자가 자기를 고용한 사업주에게 항의하는 행위를 불법으로 규정하고 있는 탓입니다. 또 항의를 해 봤자 "불만이 있으면 여기를 떠나라. 너희들 말고도 일할 사람은 널렸다."라는 차가운 대답이 돌아올 뿐입니다. 주변 아시아와 아프리카에는 값싼 노동력이 넘쳐나기 때문에 두바이 입장으로서는 아쉬울 게 전혀 없습니다. 누가 떠나면 그 자리는 다른 사람으로 채우면 그만이니까요.

민주주의와 인권이라고는 찾아볼 수 없는 두바이. 실제로 두바이에는 제대로 된 언론도, 정당도, 선거도, 시민단체도 없다고 합니다. 겉모습은 휘황찬란하기 그지없지만, 그것을 떠받치고 있는 것은 수많은 노동자의 땀과 피눈물로 얼룩진 '노예 노동'입니다. 이런 사회가 온전할 리 없고 지속가능할 리는 더더욱 없겠지요. 두바이는 개발과 건설 사업으로 이룩한 '환상적인' 겉모습 덕분에 한때는 세계의 주목과 관심을 끌기도 했습니다. 하지만 그 실체는 껍데기만 그럴싸한 '짝퉁'이자 알맹이 없는 '속 빈 강정'이었습니다. 지난 2008년 세계 금융위기가 덮쳤을 때 두바이에 투자한 외국 자본이 썰물처럼 빠져나가면서 두바이 경제는 거의 무너질 정도로 치명적인 타격을 입었습니다. 그만큼 토대가 취약하다는 얘기지요. 그래서 한때 '사막의 기적'으로 불리기도 했던 두바이 신화가 사실은 '사막의 신기루'요 한낱 '모래성'일 뿐이라는 놀림을 받기도 했습니다.

오늘날 우리 현실은, 그리고 이 지구의 모습은 두바이와 얼마나 다를까요? 우리는 과연 두바이와는 다른 길을 가고 있는 걸까요?

2. 삶을 바꾸자, 세상을 바꾸자

'원금'은 그만 까먹고 '이자'만으로 살아야

물살을 가르며 바다를 헤쳐 나아가는 거대한 배가 갑자기 방향을 바꾸는 건 아주 어려운 일입니다. 마찬가지로 자연도 한번 방향을 잡아 나아가기 시작하면, 더구나 그 속도가 아주 빠르다면, 그걸 되돌리는 건 무척 힘듭니다. 깊이 병든 위기의 지구를 온전히 치유하여 건강하고 아름답고 활력과 생기가 넘치는 모습으로 회복하는 일이 결코 만만치 않으리라는 거지요. 그래서 더 늦기 전에 움직여야 합니다.

지구는 공간적으로도 한계가 있고, 자원도 한정돼 있습니다. 쓰레기를 처리할 수 있는 능력 또한 무한하지 않고요. 지구는 더 커지거나 넓어질 수 없고, 고갈된 자원은 다시 생겨나지 않습니다. 지구가 감당할 수 있고 허용할 수 있는 생태적 환경 용량은 정해져 있습니다. 또한 지구는 단 하나뿐입니다. 지구 같은 곳이 우주에 여러 개 있어서 지금 우리가 사는 지구에서 더는 못 살게 되면 다른 곳으로 이사 갈 수 있는 게 아닙니다. 지구와 자연을 지금보다 훨씬 조심스럽고 지혜롭고 사려 깊게 대해야 하는 까닭이 여기에 있습니다. 자연 생태계를 저금이라 한다면 '원금'을 자꾸 까먹지 말고 '이자'만으로 살아가는 게 가장 바람직하지요.

물론 환경 위기가 심각하다고 해서 내일 당장 지구에 종말이 닥칠 것처럼 야단법석을 떨거나 공포심을 불러일으키는 건 어리석고도 부질없는 짓입니다. 또한 인간이 자연을 망가뜨렸다고 해서 인간을 마치 '지구의 암세포'처럼 여겨서도 안 되고요. 인간은 그동안 숱한 시련과 도전을 뚫고 지금 여기까지 왔습니다. 이것이 역사입니다. 환경 위기를 비롯해 지금 인류와 지구를 위협하는 수많은 문제를 해결할 주체 또한 결국은 우리 인간입니다.

내가 변해야 세상도 변한다

바로 그런 믿음과 희망을 바탕으로 이제 생각하는 방식, 사는 방식을 바꾸어야 합니다. 가치관과 생활양식의 전환이지요. 이제 인간만이 지구의 유일한 주인이고, 그래서 자연을 마음대로 지배하고 공격하고 파괴해도 된다는 오만한 생각을 버려야 합니다. 대신에 소비와 욕구를 줄이고, 자연과 조화롭게 살아갈 수 있는 새로운 삶의 지혜와 생활방식을 터득해야 합니다.

물론 이 책에서도 되풀이해서 얘기했듯이, 사람들의 그런 소비나 욕구를 끊임없이 불러일으키는 구조적인 경제 시스템과 사회 · 정치 구조를 바꾸는 것이 근본적으로 중요합니다. 이것은 아무리 강조해도 지나치지 않지요. 하지만 그와 동시에 잊지 말아야 할 것은, 세상을 바꾸는 이런 힘은 각 개인의 행동에서 나온다는 점입니다. 나부터 변화함으로써 남을 변화시키고, 그렇게 한 사람 한 사람이 변화함으로써 거대한 세상을 변화시킬 수 있다는 거지요. 이처럼 개인의 변화와 세상의 변화는 서로 긴밀하게 맞물려 있습니다. 개인의 변화가 세상의 변화를 이끌어 내고, 세상의 변화가 다시 개인의 변화를 북돋워 주는 거지요. 악순환의 반대말인 이런 '선순환'이 탄탄하게 작동할 때 이 지구와 인류의 지속가능한 미래는 성큼 우리 앞에 다가오게 될 것입니다.

'지구적으로 생각하고 지역적으로 행동하라!(Think globally, Act locally!)'라는 유명한 말이 있습니다. 그렇습니다. 눈은 세계를 향하되 행동과 실천은 우리가 발 딛고 살아가는 구체적인 현실에서 시작되어야 합니다. '나 혼자서 행동한다고 달라질 게 있을까?'라는 의심은 버리세요. '내가 바꿀 수 있는 건 별로 없을 거야.'라는 체념에 빠지지도 마세요. 세상의 변화는 나로부터 시작됩니다.

문제의 해결책은 어느 날 갑자기 하늘에서 뚝 떨어지는 게 아닙니다. 또 어떤 해결책도 모든 문제를 한꺼번에 완벽하게 해결해 주는 '요술 방망이'가 될 순 없습니다. 세상의 변화는 길고 복잡한 과정을 거쳐서 이루어집니다. 산 정상에 이르려면 맨 밑에서부터 한 걸음 한 걸음 걸어 올라가야 합니다. 쉬운 길, 힘든 길을 모두 지나야 합니다. 세상의 변화도 그렇게 이루어질 것입니다.

한 사람 한 사람의 실천은 작아 보여도 이런 작은 노력이 모이고 쌓이면 커다란 힘을 발휘하게 됩니다. 숲에 떨어진 빗방울들이 모여 조그만 시냇물을 이루고, 그 시냇물들이 모여 큰 강을 이루고, 그렇게 만들어진 수많은 강이 흘러들어 거대한 바다를 이루듯이 말입니다. 이제 그 작은 빗방울이 되지 않으렵니까? 그렇게 작은 빗방울들끼리 손 맞잡고 어깨동무할 때, 그리하여 힘찬 흐름으로 시냇물이 되고 강물이 되어 바다로 나아갈 때, 우리 앞엔 지금과는 다른 세상, 다른 미래, 다른 삶이 기다리고 있을 것입니다.

참고문헌 (가나다 순)

《경제성장과 환경보존, 둘 다 가능할 수는 없는가》(베른트 마이어 지음, 김홍옥 옮김, 길 펴냄, 2012)
《고릴라는 핸드폰을 미워해》(박경화 지음, 북센스 펴냄, 2011)
《과학, 일시정지》(가치를꿈꾸는과학교사모임 지음, 양철북, 2009)
《굶주리는 세계》(프랜시스 라페 외 지음, 허남혁 옮김, 창비 펴냄, 2003)
《기후변화, 돌이킬 수 없는가》(모집 라티프 지음, 오철우 옮김, 길 펴냄, 2010)
《낙원을 팝니다》(칼 N. 맥대니얼·존 M. 고디 지음, 이섬민 옮김, 여름언덕 펴냄, 2006)
《내가 먹는 것이 바로 나》(허남혁 지음, 책세상 펴냄, 2008)
《둥글둥글 지구촌 환경 이야기》(장성익 지음, 풀빛 펴냄, 2011)
《먹을거리 위기와 로컬 푸드》(김종덕 지음, 이후 펴냄, 2009)
《멸종 위기의 생물들》(이브 시아마 지음, 심영섭 옮김, 현실문화 펴냄, 2011)
《바다의 미래, 어떠한 위험에 처해 있는가》(슈테판 람슈토르프·캐서린 리처드슨 지음, 오철우 옮김, 길 펴냄, 2012)
《발전은 영원할 것이라는 환상》(질베르 리스트 지음, 신해경 옮김, 봄날의책 펴냄, 2013)
《블루 골드》(모드 발로·토니 클라크 지음, 이창신 옮김, 개마고원 펴냄, 2002)
《살림의 경제학》(강수돌 지음, 인물과사상사 펴냄, 2009)
《생명과 환경의 수수께끼》(조홍섭 지음, 고즈윈 펴냄, 2005)
《생물 다양성, 얼마나 더 희생해야 하는가》(요제프 H. 라이히홀프 지음, 조홍섭 옮김, 길 펴냄, 2012)
《생태적 삶을 찾아서》(이필렬 지음, 한국방송통신대학교출판부 펴냄, 2007)
《석유의 종말》(폴 로버츠 지음, 송신화 옮김, 서해문집 펴냄, 2004)
《성장의 한계》(도넬라 H. 메도즈 외 지음, 김병순 옮김, 갈라파고스 펴냄, 2012)
《식량주권》(피터 로셋 지음, 김영배 옮김, 시대의창 펴냄, 2008)
《얼마나 있어야 충분한가》(로버트 스키델스키·에드워드 스키델스키 지음, 김병화 옮김, 부키 펴냄, 2013)
《에너지 노예, 그 반란의 시작》(앤드류 니키포룩 지음, 김지현 옮김, 황소자리 펴냄, 2013)
《에너지 명령》(헤르만 셰어 지음, 모명숙 옮김, 고즈윈 펴냄, 2012)
《에너지 위기, 어떻게 해결할 것인가》(헤르만 요제프 바그너 지음, 정병선 옮김, 길 펴냄, 2010)

《오늘의 지구를 말씀드리겠습니다》(김추령 지음, 양철북 펴냄, 2012)
《오래된 미래》(헬레나 노르베리 호지 지음, 양희승 옮김, 중앙북스 펴냄, 2007)
《온 삶을 먹다》(웬델 베리 지음, 이한중 옮김, 낮은산 펴냄, 2011)
《왜 너희만 먹는 거야?》(장성익 지음, 풀빛미디어 펴냄, 2013)
《왜 세계의 절반은 굶주리는가》(장 지글러 지음, 유영미 옮김, 갈라파고스 펴냄, 2007)
《우리 공동의 미래》(세계환경발전위원회 지음, 조형준·홍성태 옮김, 새물결 펴냄, 2005)
《우리의 지구, 얼마나 더 버틸 수 있는가》(일 예거 지음, 김홍옥 옮김, 길 펴냄, 2010)
《잡식동물의 딜레마》(마이클 폴란 지음, 조윤정 옮김, 다른세상 펴냄, 2008)
《제로성장시대가 온다》(리처드 하인버그 지음, 노승영 옮김, 부키 펴냄, 2013)
《죽음의 밥상》(피터 싱어·짐 메이슨 지음, 함규진 옮김, 산책자 펴냄, 2008)
《지속가능한 발전》(로이크 쇼보 지음, 윤인숙 옮김, 현실문화 펴냄, 2011)
《청소년을 위한 대한민국 환경정의 보고서》(환경정의연구소 지음, 환경정의 펴냄, 2013)
《청소년을 위한 환경 교과서》(클라우스 퇴퍼·프리데리케 바우어 지음, 사계절 펴냄, 2009)
《탈핵》(김명진 외 지음, 이매진 펴냄, 2011)
《탐욕의 시대》(장 지글러 지음, 양영란 옮김, 갈라파고스 펴냄, 2008)
《한국탈핵》(김익중 지음, 한티재 펴냄, 2013)
《환경 논쟁》(장성익 지음, 풀빛 펴냄, 2012)
《환경위기 지도》(로이크 쇼보 지음, 전혜영 옮김, 현실문화 펴냄, 2011)
《환경정의를 위하여》(토다 키요시, 김원식 옮김, 창비 펴냄, 1996)
《환경주의자가 알아야 할 자본주의의 모든 것》(존 벨라미 포스터 지음, 황정규 옮김, 삼화 펴냄, 2012)
《후쿠시마 이후의 삶》(한홍구 외 지음, 이령경 옮김, 반비 펴냄, 2013)
《희망의 경계》(프란시스 무어 라페·안나 라페 지음, 신경아 옮김, 시울 펴냄, 2005)
〈한겨레〉, 〈경향신문〉, 〈프레시안〉, 〈오마이뉴스〉 관련 기사들